U0342182

连铸及连轧工艺过程中的传热分析

孙蓟泉　等编著

北　京

冶　金　工　业　出　版　社

2010

内 容 简 介

本书针对连铸、热连轧工艺的特点,系统地阐述温度在连铸、热连轧工艺过程中的作用。除阐述热量传递的规律及分析方法的共性知识外,重点介绍钢水在结晶器凝固、连铸坯在二冷区传热、钢坯在热炉内的加热过程、炉内的热交换分析和钢坯的温度场计算;钢坯在传输过程、轧制过程中的几种热交换类型,以及各工序的热交换系数的确定、轧件的热量损失、温度变化,热轧带钢终轧温度、卷取温度控制目的及方法;中间坯在热卷箱内的温度数学模型及热卷箱内温度场的计算与分析。

本书可供从事轧钢专业的工程技术人员以及相关专业的本科生和研究生学习和参考。

图书在版编目(CIP)数据

连铸及连轧工艺过程中的传热分析/孙蓟泉等编著.
—北京:冶金工业出版社,2010.1
ISBN 978-7-5024-5138-7

Ⅰ.①连… Ⅱ.①孙… Ⅲ.①连续铸钢–传热学
②连续轧制–传热学 Ⅳ.①TF777 ②TG335.13

中国版本图书馆 CIP 数据核字(2010)第 007300 号

出 版 人 曹胜利
地 址 北京北河沿大街嵩祝院北巷 39 号,邮编 100009
电 话 (010)64027926 电子信箱 postmaster@ cnmip. com. cn
责任编辑 刘小峰 尚海霞 美术编辑 张媛媛 版式设计 张 青
责任校对 侯 珺 责任印制 牛晓波
ISBN 978-7-5024-5138-7
北京印刷一厂印刷;冶金工业出版社发行;各地新华书店经销
2010 年 1 月第 1 版,2010 年 1 月第 1 次印刷
787 mm×1092 mm 1/16;12.25 印张;291 千字;182 页;1-2000 册
36.00 元

冶金工业出版社发行部 电话:(010)64044283 传真:(010)64027893
冶金书店 地址:北京东四西大街 46 号(100711) 电话:(010)65289081
(本书如有印装质量问题,本社发行部负责退换)

前　言

随着汽车、家电、造船、军工等行业的迅速发展，高性能、高质量的板带产品的需求量与日俱增，板带比已经成为衡量一个国家钢铁工业水平的重要标志。我国已经建成了多条连铸、热连轧生产线，粗钢产量早已成为世界第一，但产品质量与发达国家相比还存在较大的差距，很多高品质的精品钢材还需要进口。究其原因，主要是因为我国虽然引进了先进的设备，但还没有掌握其核心的关键技术。因此，我国要提高钢铁工业的国际竞争力，必须要开发出具有自主知识产权的核心技术，而温度控制技术是连铸、热连轧工艺的灵魂。本书是在完成"十一五"国家科技支撑计划课题"炼钢轧钢区段综合节能与环保技术"的基础上，总结近年来在热连轧领域的一些科研成果编著而成，希望对从事热连轧工作的技术人员及大专院校师生有所帮助，希望对提高我国热连轧工业的总体水平做出贡献。

在钢的连铸、热轧过程中，温度是一个非常重要的物理量。在连铸方面，温度直接决定连铸坯的凝固速度和铸坯质量。在热轧方面，一方面，温度通过影响变形抗力来影响轧件变形、尺寸精度，以及轧制力、轧制力矩等参数；另一方面，温度通过影响金属微观组织变化，决定最终产品的组织和性能。虽然连铸、热连轧生产线上设有一系列测温点，所能测到的仅是轧件表面温度，许多测量点由于表面氧化铁皮影响或是表面温度过低以及轧件厚度过大、内部温度不均等原因，无法测量到轧件的真正温度。而准确地计算轧件在热轧过程及中间坯在热卷箱内部的温度场，对优化生产工艺参数，提高最终产品的质量和节能降耗都具有重要的意义。

本书主要由北京科技大学孙蔼泉、赵爱民编著，赵征志、苏岚、陈银莉、崔衡也参加了部分章节的编写与修改工作。在本书的编写过程及所从事的相关科研工作中，得到了唐荻教授、包燕平教授和米振莉副教授的大力支持和帮助，同时也得到了首钢技术研究院的朱国森博士、李飞博士的支持和帮助，在此一并表示感谢。

由于作者水平所限，书中难免有不足之处，恳请读者批评指正。

作　者
2009 年 11 月

目　　录

第一篇　传热学基础

第二篇 连铸过程中的热交换

第三篇　热轧过程中热量传递

传热学基础

1 概　述

传热学是工程热物理的一个分支,是研究热量传递规律的学科,它和工程热力学都是研究热现象的理论基础。

热力学第二定律指出:凡是有温差的地方,热量就会由高温处向低温处传递。因此,哪里有温差,哪里就有热量传递。由于温度差普遍存在自然界和工程中,因此传热是日常生活和工程中一种非常普遍的现象。随着科学技术的迅速发展,传热学几乎渗透到各个领域,它对现代工业的发展起着日益重要的作用。

工程中传热问题可分为两种类型。一类是计算传递的热流量,并且有时力求增强传热,有时则力求削弱传热。例如:在热加工工艺中,材料在加工前(锻压、轧制和挤压等)都需要在加热炉内加热,这时就需要增强传热,但材料在加工后需要退火时,热量的传递就需要合理地控制,大部分情况下需要削弱传热。另一类是确定物体各点的温度,以便进行某些现象的判断、温度控制和其他计算(如热应力和热变形)。例如物体内部的温度场计算。

热量传递过程分为两大类:稳态与非稳态。凡物体中各点温度不随时间而改变的热量传递过程称为稳态热传递过程,反之称为非稳态热传递过程。

1.1　热量传递的三种基本方式

热量传递有三种基本方式,即热传导、热对流和热辐射。实际上,热量传递的过程往往由两种或三种基本方式组成。例如平壁的导热,平壁的一侧的高温流体通过热辐射及热对流的方式,将热量传递给平壁的表面,再由热传导的方式通过物体内部传到另一表面,然后再由热辐射与热对流的方式传给平壁的另一侧流体。

1.1.1　热传导

当物体有温度差或两个不同温度的物体直接接触时,在物体各部分之间不发生相对位移的情况下,物质的微观粒子(分子、原子或自由电子)的热运动传递了热量,这种现象称为热传导,简称导热。

1.1.2　热对流

流体中,温度不同的各部分之间发生相对位移时引起的热量传递过程称为热对流。流体各部分之间由于密度差引起的相对运动称为自然对流;由于外力的作用(泵、风机等)而引起的相对运动称为强迫对流(或受迫对流)。

实际上,热对流同时伴随着导热,构成复杂的热量传递过程。工程上经常遇到的流体流过固体壁时的热传递过程,就是热对流和导热联合作用下的热量传递过程,称为表面对流传热,简称对流传热或对流换热。

1.1.3　热辐射

物体通过电磁波传递能量的过程称为辐射。物体会因各种原因发出辐射能。因为热的原因使物体的内能转化成电磁波的能量而进行的辐射过程称为热辐射。

任何物体,只要温度高于 0 K,就会不停地向周围空间发出热辐射能。热传导和热对流在物体直接接触时才能进行,而热辐射的电磁波可以在真空中传播(太阳热量经宇宙空间传给地球就是依靠热辐射方式)。在热辐射传递能量的过程中伴随着能量形式的转换,这是热辐射区别于热传导和热对流的另一个特点。

物体不断地向周围空间发出热辐射能,并被周围物体吸收。同时,物体也不断接受周围物体辐射给它的热能。这样,物体发出和接收过程的综合结果产生了物体通过热辐射而进行的热量传递,称为表面辐射传热,简称辐射传热或辐射换热。

1.2　总传热过程

热量从温度较高的流体经过固体壁传递给另一侧温度较低流体的过程,称为总传热过程,简称传热过程。工程上大多数设备的热传递过程都属于这种情况,如热力设备和管道的散热等。

传热过程中,当两种流体间的温度差一定时,传热面越大,传递的热流量越多。在同样的传热面上,两种流体的温度差越大,传递的热流量也越多。

$$\phi = hA\Delta t \tag{1-1}$$

式中,ϕ 为热流量;h 为传热系数;A 为传热面积;Δt 为温差。

2　导热基本定律和稳态导热

导热属于接触传热,是连续介质就地传递热量而没有各部分之间宏观的相对位移。它是在温度差作用下,依靠微观粒子(分子、原子和自由电子等)的运动(移动、振动和转动等)进行的能量传递,因此,导热与物体内的温度场(或温度分布)密切相关。本章从温度场出发讨论了导热过程的基本定律、描述了物体导热的微分方程和定解条件,介绍了用导热微分方程和定解条件求解一维稳态导热问题。

2.1　导热基本定律和热导率

2.1.1　温度场和温度梯度

2.1.1.1　温度场

在所研究的传热系统中,一般来说,物体各点的温度不一定相同,而且同一个点的温度不同时间也不一定相同。为了描述这种情况,引入温度场的概念。所谓温度场,是指某一时刻物体内各点温度的分布,一般来说,它是空间坐标和时间坐标的函数,它的数学函数表示为:[1]

$$t = f(x, y, z, \tau)$$

温度场分为两大类:稳态和非稳态。

稳态温度场:温度不随时间变化的温度场, $t = f(x, y, z)$ 。

非稳态温度场:温度随时间变化的温度场, $t = f(x, y, z, \tau)$ 。

仅和1个坐标有关的温度场称为一维温度场,仅和两个坐标有关的温度场称为二维温度场。

2.1.1.2　等温面和等温线

某一时刻,将温度场中具有相同温度的点连接起来形成的面或线称为等温面或等温线。同一时刻,不同温度的等温面或等温线不能相交,否则就意味着同一个点在同一时刻可以具有不同的温度,这显然是不可能的。在同一个等温面上没有温度变化,因此没有热量传递。热量传递发生在不同的等温面之间。温度场示意图如图2-1所示。

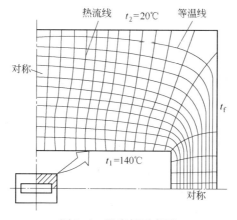

图 2-1　温度场示意图

2.1.1.3 温度梯度

沿等温面不会有温度变化,只有穿过等温面才会有温度的变化。但相邻等温面的距离趋于零时,其法线方向上的温度变化率称为温度梯度,用 grad t 表示:

$$\mathrm{grad}\, t = \lim_{\Delta n \to 0}\left(\frac{\Delta t}{\Delta n}\right) = \frac{\partial t}{\partial n} n \tag{2-1}$$

可见,温度梯度是矢量,位于等温面的法线上。规定温度梯度沿温度增加方向为正,反之为负。负的温度梯度也称为温度降度。温度梯度值越大,说明温度场内该点处温度变化越激烈。

对于非稳态温度场,温度梯度还与时间有关。

2.1.1.4 热流密度

单位时间内,所有面积 A 传递的热量称为热流量,用 Φ 表示。

单位面积的热流量称为热流密度,或面积热流量,用 q 表示。

热流密度也是矢量,它和温度梯度位于等温面的统一法线上,规定温度降度方向为正。

2.1.2 导热基本定律

导热过程发生在固体(或相互间流动的流体)内存在温度差的地方。在归纳大量实验结果的基础上,傅里叶(J. B. Fourier)在 1882 年指出:导热的热流密度 q 与温度梯度成正比。

$$q \propto \mathrm{grad}\, t$$

或

$$q = -\lambda\, \mathrm{grad}\, t = -\lambda\, \frac{\partial t}{\partial n} n \tag{2-2}$$

式 2-2 是傅里叶定律的数学表达式,式中出现负号是因为热流密度和温度梯度的方向相反。比例系数 λ 称为导热系数,或称热导率。

傅里叶定律是解决导热问题的基础,也是分析物体内温度变化趋势的一个很重要的工具。

2.1.3 热导率

将傅里叶定律改写为: $q = -\lambda\, \dfrac{\partial t}{\partial n}, \lambda = -q \Big/ \dfrac{\partial t}{\partial n}$。

此式可作为热导率的定义。热导率是材料固有的物理性质,表示物质导热能力的大小。其物理意义就是在单位温度梯度作用下的热流密度。

不同的物质,热导率的数值各不相同,即使同一物质,其热导率的数值也与温度、湿度、密度、压力和物质的结构有关。所以,热导率与温度、湿度、密度、压力等因素有关,但其主要影响因素是物质的种类和温度。

一般来说,热导率的数值以金属最大,非金属次之,液体又次之,而气体最小。

各种物质热导率 λ 的范围为:金属 $6 \sim 470$ W/(m·K),保温与建筑材料 $0.02 \sim 3$ W/(m·K),液体 $0.07 \sim 0.7$ W/(m·K),气体 $0.006 \sim 0.6$ W/(m·K)。

热导率小的固体材料具有良好的隔热性能。习惯上把热导率在常温下小于 0.23 W/(m·K)的材料称为隔热材料(或称保温材料),如石棉、硅藻土制品等。

各种材料的热导率随温度变化的规律不尽相同。

纯金属的热导率一般随温度升高而下降,这是因为金属的导热主要依靠自由电子的运动。当温度升高时,由于晶格的振动加剧,阻碍了自由电子的运动,从而导致导热性能下降。金属的导电也是依靠自由电子的运动,因此,良好的导热体也一定是良好的导电体。但纯金属中常有少量杂质,该杂质妨碍了自由电子的运动,从而使导热性能下降,所以合金的热导率比纯金属的热导率要小。常温下碳钢的热导率约为 45 W/(m·K)。

保温材料与建筑材料的热导率大多数随温度升高而增大,并且和材料的结构、多孔度、密度和湿度有关。

液体的热导率一般随温度升高而减少。这是因为温度升高时,有序程度受到破坏。但水和甘油例外,水的热导率随温度的变化会出现极大值。在大气压力下,饱和水的热导率为 0.683 W/(m·K),甘油的热导率为 0.119 W/(m·K)。

气体的热导率随温度升高而增大。这是因为温度升高,分子运动速度加快,从而使导热性能大为改善。

物质的热导率都随温度变化,但在一定范围内,大多数工程材料的热导率 λ(W/(m·K))可近似认为是温度的线性函数,即:

$$\lambda = \lambda_0(1 + bt) \tag{2-3}$$

式中　λ_0——0℃时的热导率;

　　　b——常数,由实验确定。

在 $t_1 \sim t_2$ 的范围内,平均热导率为:

$$\overline{\lambda} = \frac{1}{2}(\lambda_1 + \lambda_2) = \lambda_0\left[1 + \frac{b}{2}(t_1 + t_2)\right] = \lambda_0(1 + b\overline{t}) \tag{2-4}$$

式中,$t = \frac{1}{2}(t_1 + t_2)$,它是 $t_1 \sim t_2$ 范围内的平均温度。式 2-4 说明,当 λ 随温度线性变化时,其平均值 $\overline{\lambda}$ 为平均温度 $\overline{t}$ 时的值。在实际计算中这是很重要的。

2.2　导热微分方程和定解条件

傅里叶定律揭示了连续温度场内任一处的热流密度与温度梯度的关系。对于一维稳态导热,可直接利用傅里叶定律积分求解,求出导热热流量。但由于傅里叶定律未能揭示各点温度与其相邻点温度之间的关系,以及此刻温度与下一时刻温度的联系,所以对于多维导热和非稳态导热都不能直接利用傅里叶定律积分求解。导热微分方程揭示了连续物体内的温度分布与空间坐标和时间的内在联系,使上述导热问题的求解成为可能。

2.2.1　导热微分方程

导热理论的任务,就是在给定的条件下,找出物体内各部分温度分布规律,即温度场。像其他数学物理问题一样,应建立其方程和定解条件。首先是在傅里叶定律的基础上,根据热力学第一定律(能量守恒原理)建立求解温度分布的导热微分方程式。

为了减少问题的复杂性,这里只讨论固体和静止流体,并假定物体是连续的和均质的,物性参数 ρ、c_p 和 λ 等为常数,物体内部有均匀恒定的内热源(如化学反应、热核反应或物体中有电流通过),内热源强度(单位时间内单位体积发出的热量)为 Φ。

在物体内取一边长分别为 dx、dy、dz 的微元体,如图 2-2 所示。根据能量守恒定律,导入微元体的净热流量 $\Delta\Phi_d$ 与单位时间内内热源产生的热量 $\Delta\Phi_v$ 之和等于单位时间内微元体热力学能的增量 ΔU。即:

$$\Delta\Phi_d + \Delta\Phi_v = \Delta U \tag{a}$$

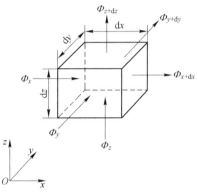

图 2-2   微元体导热分析

在 x 处,通过微元体表面导入微元体的热流量为:

$$\Phi_x = -\lambda \frac{\partial t}{\partial x} dydz \tag{b}$$

在 $x + dx$ 处,通过微元体表面导出微元体的热流量为:

$$\Phi_{x+dx} = \Phi_x + \frac{\partial\Phi_x}{\partial x} dx = \Phi_x + \frac{\partial}{\partial x}\left(-\lambda \frac{\partial t}{\partial x} dydz\right) dx = \Phi_x - \lambda \frac{\partial^2 t}{\partial x^2} dxdydz \tag{c}$$

在 x 方向,导入微元体的净热流量为:

$$\Delta\Phi_x = \Phi_x - \Phi_{x+dx} = \lambda \frac{\partial^2 t}{\partial x^2} dxdydz \tag{d}$$

同理,y 和 z 方向,导入微元体的净热流量为:

$$\Delta\Phi_y = \lambda \frac{\partial^2 t}{\partial y^2} dxdydz \tag{e}$$

$$\Delta\Phi_z = \lambda \frac{\partial^2 t}{\partial z^2} dxdydz \tag{f}$$

三个方向导入微元体的净热流量为:

$$\Delta\Phi_d = \Delta\Phi_x + \Delta\Phi_y + \Delta\Phi_z = \lambda\left(\frac{\partial^2 t}{\partial x^2} + \frac{\partial^2 t}{\partial y^2} + \frac{\partial^2 t}{\partial z^2}\right) dxdydz \tag{g}$$

单位时间内微元体内内热源产生的热量为:

$$\Delta\Phi_v = \dot{\Phi} dV = \dot{\Phi} dxdydz \tag{h}$$

单位时间内微元体热力学(内能)的增量为:

$$\Delta U = \rho c_p \frac{\partial t}{\partial \tau} dxdydz \tag{i}$$

对于固体和不可压缩流体,比定压热容 c_p 等于比定容热容 c_V,即:$c_p \approx c_V \approx c$。
将式(g)、式(h)和式(i)带入式(a),整理后得:

$$\frac{\partial t}{\partial \tau} = \frac{\lambda}{\rho c}\left(\frac{\partial^2 t}{\partial x^2} + \frac{\partial^2 t}{\partial y^2} + \frac{\partial^2 t}{\partial z^2}\right) + \frac{\dot{\Phi}}{\rho c} \tag{2-5a}$$

$$\frac{\partial t}{\partial \tau} = a\nabla^2 t + \frac{\dot{\Phi}}{\rho c} \qquad (2\text{-}5\text{b})$$

式中 ∇^2——拉普拉斯算子, $\nabla^2 t = \dfrac{\partial^2 t}{\partial x^2} + \dfrac{\partial^2 t}{\partial y^2} + \dfrac{\partial^2 t}{\partial z^2}$;

a——热扩散率(或称导温率), $a = \dfrac{\lambda}{\rho c}$, m^2/s。

因为 λ、c、ρ 是物质的物性参数,所以导温率也是物性量。物质不同,导温率也不同,它表明物质在加热或冷却时,其内部各部分温度趋于一致的能力,a 值越大,物体内部的温度越容易均匀。这就好像是温度传播快慢的能力,所以习惯上称为导温系数。

不同材料的热扩散率相差很大,例如:木材的热扩散率约是钢材的 1/100。尺寸相同的钢棒和木棒的一端同时放入炉中加热,不久,钢棒的另一端已经烫手,但木棒在炉中的一段已经着火燃烧,而另一端的温度却基本上不变,这就是因为钢棒和木棒的热扩散率不同。

热扩散率 a 只对非稳态导热过程才有意义。因为,在稳态导热过程中,温度不随时间变化,各部分物质的热力学性能也不发生变化,单位体积热容的大小对导热过程没有影响,所以热扩散率已不起作用。从导热微分方程也可以看出,在稳态导热过程中,$\dfrac{\partial t}{\partial \tau} = 0$,所以导热微分方程变为:

$$\nabla^2 t + \frac{\dot{\Phi}}{\lambda} = 0 \qquad (2\text{-}5\text{c})$$

热扩散率从式中消失。

热扩散率和热导率是两个不同的物理量。热扩散率综合了材料的导热能力和单位体积的热容量大小,而热导率仅指材料导热能力的大小。热导率小的材料热扩散率不一定小。例如,气体热导率很小,可是其热扩散率 a 却和金属差不多。

若分析的物体为圆柱体或球体,则采用圆柱坐标或球坐标较为方便。

圆柱坐标的导热微分方程为:

$$\frac{\partial t}{\partial \tau} = \frac{\partial^2 t}{\partial r^2} + \frac{1}{r} \cdot \frac{\partial t}{\partial r} + \frac{1}{r^2} \cdot \frac{\partial^2 t}{\partial \theta^2} + \frac{\partial^2 t}{\partial z^2} + \frac{\dot{\Phi}}{\rho c} \qquad (2\text{-}6)$$

球坐标的导热微分方程为:

$$\frac{\partial t}{\partial \tau} = a\left[\frac{1}{r} \cdot \frac{\partial^2 (rt)}{\partial r^2} + \frac{1}{r^2 \sin\theta} \cdot \frac{\partial}{\partial \theta}\left(\sin\theta \frac{\partial t}{\partial r} \right) + \frac{1}{r^2 \sin^2\theta} \cdot \frac{\partial^2 t}{\partial \varphi^2} \right] + \frac{\dot{\Phi}}{\rho c} \qquad (2\text{-}7)$$

2.2.2 导热过程的定解条件

导热微分方程是根据一般规律推导出来的,它代表无数种彼此具有不同特点的导热现象的共同规律。要从无数种不同现象中区分出所研究的现象,必须附加限制条件,也就是把有关该现象的一些特征表示成数学式,并把它们并入微分方程中。这些条件称为定解条件(或称单值条件)。定解条件包括时间条件和边界条件。所以,导热问题完整的数学描述应包括其导热微分方程和相应的定解条件。

2.2.2.1 时间条件

给定某一时刻导热物体的温度分布。如以该时刻作为时间的起算点,则时间条件称为

初始条件。最简单的初始条件是初始温度分布均匀,即:

$$t(x,y,z,\tau)=t_0=常数 \qquad (2-8)$$

稳态导热时,导热物体内的温度分布不随时间变化,初始条件没有意义,所以,只有非稳态导热才有初始条件。

2.2.2.2 边界条件

边界条件是指物体边界处的温度或表面传热情况。由于物体边界处传热的特点不同,边界条件通常分为以下三类:

(1)第一类边界条件。给定物体边界上任何时刻的温度分布。对于非稳态导热,给定以下关系:

$$\tau>0 \text{ 时}, \quad t_w=f_w(x,y,z,\tau) \qquad (2-9a)$$

边界温度均匀时,式2-9a可简化为:

$$\tau>0 \text{ 时}, \quad t_w=f_w(\tau) \qquad (2-9b)$$

(2)第二类边界条件。给定物体边界上任何时刻的热流密度 q_w 分布。对于非稳态导热,给定以下关系:

$$\tau>0 \text{ 时}, \quad -\lambda\left(\frac{\partial t}{\partial n}\right)_w=f_w(x,y,z,\tau) \qquad (2-10a)$$

边界温度均匀时,式2-10a可简化为:

$$\tau>0 \text{ 时}, \quad -\lambda\left(\frac{\partial t}{\partial n}\right)_w=f_w(\tau) \qquad (2-10b)$$

(3)第三类边界条件。给定物体边界与周围流体间的表面传热系数 h 及周围流体的温度 t_f。由固体壁导热量与表面传热量相等,得:

$$-\lambda_S\left(\frac{\partial t}{\partial n}\right)_w=h(t_w-t_f) \qquad (2-11a)$$

式中,流体温度 t_f 和边界的表面传热系数 h 是已知的,而边界的温度 t_w 和温度变化率 $\left(\frac{\partial t}{\partial n}\right)_w$ 都是未知的,这正是第三类边界条件与第一类、第二类边界条件的不同之处。

以上三类边界条件之间有一定的联系。在一定条件下,第三类边界条件可以转化为第一类和第二类边界条件。

$$\left(\frac{\partial t}{\partial n}\right)_w=-\frac{h}{\lambda_S}(t_w-t_f) \qquad (2-11b)$$

由式2-11b可知,当 $h/\lambda_S\to\infty$ 时,由于边界的温度变化率只能是有限值,由式2-11b得 $t_w-t_f\to0$,即物体边界温度 t_w 等于流体温度 t_f(已知),第三类边界条件变为第一类边界条件,$t_w=t_f$。

如果式2-11b中边界面的表面传热系数 h 为零,则边界面的温度变化率也为零,即物体边界面为绝热,第三类边界条件变为第二类边界条件,$q_w=0$ 或 $\left(\frac{\partial t}{\partial n}\right)_w=0$。

2.3 一维稳态导热

工程上,很多设备在稳定运行时处于稳态导热状态,一般都可以应用前面介绍的导热微分方程和定解条件求解。这里主要介绍几种简单的问题,即简单的几何形状、无内热源的物体在均匀恒定的第一类边界条件下的稳态导热问题。

2.3.1 通过平壁的导热

工程上,大多数换热设备,如加热炉的炉墙等,都可以看作平壁的稳态导热。

2.3.1.1 单层平壁

图 2-3 所示为单层平壁的导热[2]。已知平壁的厚度为 δ,宽度和高度比厚度大得多,两侧分别为此均匀恒定的温度 t_{w1} 和 t_{w2},材料的物性参数(热导率)为常数,无内热源。分析这些条件可看出,壁内温度只沿 x 方向变化,是一维稳态导热。对于这个导热过程,导热微分方程式 2-5a 变成:

$$\frac{\mathrm{d}^2 t}{\mathrm{d}x^2} = 0 \qquad (a)$$

边界条件为:

$$x = 0 \text{ 处}, t = t_{w1} \qquad (b)$$

$$x = \delta \text{ 处}, t = t_{w2} \qquad (c)$$

对式(a)积分两次,可得此类导热问题的通解为:

$$t = c_1 x + c_2 \qquad (d)$$

式中,c_1 和 c_2 为积分常数。将边界条件带入得:

$$c_2 = t_{w1} \qquad (e)$$

$$c_1 = -\frac{t_{w1} - t_{w2}}{\delta} \qquad (f)$$

将 c_1 和 c_2 带入式(d),得到单层平壁内的温度分布为:

$$t(x) = t_{w1} - \frac{t_{w1} - t_{w2}}{\delta} x \qquad (2-12)$$

由于 δ、t_{w1} 和 t_{w2} 都是常数,由式 2-12 可知,单层平壁内的温度呈线性分布。

求得温度分布后,利用傅里叶定律即可求出热流密度:

$$q = -\lambda \frac{\mathrm{d}t}{\mathrm{d}x} = \lambda \frac{t_{w1} - t_{w2}}{\delta} \qquad (2-13a)$$

或

$$\Phi = \lambda A \frac{t_{w1} - t_{w2}}{\delta} \qquad (2-13b)$$

这就是单层平壁的热流密度与热流量的表达式,还可写成:

$$q = \frac{t_{w1} - t_{w2}}{\dfrac{\delta}{\lambda}} = \frac{\Delta t}{r_d} \qquad (2-13c)$$

和

$$\Phi = \frac{t_{w1} - t_{w2}}{\dfrac{\delta}{\lambda A}} = \frac{\Delta t}{R_d} \qquad (2-13d)$$

式中　R_d——导热面积为 A 时的导热热阻,K/W;

　　　r_d——单位导热面积的导热热阻,$m^2 \cdot K/W$。

由式 2-13c 和式 2-13d 得:

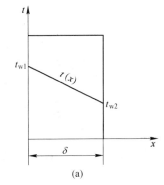

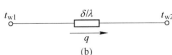

图 2-3　单层平壁导热

$$r = RA \tag{2-14}$$

式 2-13 揭示了 $\varPhi$、λ、A、Δt 和 δ 之间的关系。已知其中的 4 个物理量可求出另一个物理量，不仅可求出平壁的导热热流量 $\varPhi$，而且可求出平壁厚度和壁面温度，还可以求出其热导率。

2.3.1.2   多层平壁

工程上，经常遇到多层平壁的导热问题，例如加热炉的炉墙，它由耐火材料层、保温材料层和外加钢质护板组成。

如图 2-4 所示，由三层平壁组成的多层平壁各层的厚度分别为 δ_1、δ_2 和 δ_3；热导率分别为 λ_1、λ_2 和 λ_3；两侧温度均匀恒定，分别为 t_{w1} 和 t_{w4}。层间接触良好，相邻两层分界面的温度均匀。

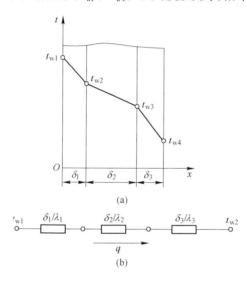

图 2-4   多层平壁导热

在稳态导热的情况下，经过各层的热流量 $\varPhi$ 及热流密度 q 相同。由单层平壁导热公式列出各层平壁的计算式：

第一层平壁： $\qquad q = \dfrac{t_{w1} - t_{w2}}{\dfrac{\delta_1}{\lambda_1}}$ 或 $t_{w1} - t_{w2} = q\dfrac{\delta_1}{\lambda_1}$ (a)

第二层平壁： $\qquad q = \dfrac{t_{w2} - t_{w3}}{\dfrac{\delta_2}{\lambda_2}}$ 或 $t_{w1} - t_{w2} = q\dfrac{\delta_2}{\lambda_2}$ (b)

第三层平壁： $\qquad q = \dfrac{t_{w3} - t_{w4}}{\dfrac{\delta_3}{\lambda_3}}$ 或 $t_{w3} - t_{w4} = q\dfrac{\delta_3}{\lambda_3}$ (c)

式中，t_{w2} 和 t_{w3} 未知，由以上三式消去 t_{w2} 和 t_{w3} 得：

$$q = \frac{t_{w1} - t_{w4}}{\dfrac{\delta_1}{\lambda_1} + \dfrac{\delta_2}{\lambda_2} + \dfrac{\delta_3}{\lambda_3}} \tag{2-15}$$

或 $$\varPhi = \frac{t_{w1} - t_{w4}}{\dfrac{\delta_1}{\lambda_1 A} + \dfrac{\delta_2}{\lambda_2 A} + \dfrac{\delta_3}{\lambda_3 A}} = \frac{t_{w1} - t_{w4}}{R_1 + R_2 + R_3} = \frac{\Delta t}{R}$$

式中，$R_1 = \dfrac{\delta_1}{\lambda_1 A}$，$R_2 = \dfrac{\delta_2}{\lambda_2 A}$，$R_3 = \dfrac{\delta_3}{\lambda_3 A}$，分别为各层平壁导热热阻；$R = R_1 + R_2 + R_3$，为三层平壁的导热总热阻。

式 2-15 说明，三层平壁导热的总热热阻等于串联的各层平壁导热热阻之和，这就证明了串联热阻的叠加特性。所以，应用热阻串联原理，借助电路的欧姆定律，可以很方便地写出多层平壁的热流量计算公式，即：

$$q = \frac{t_1 - t_{n+1}}{\displaystyle\sum_{i=1}^{n} \frac{\delta_i}{\lambda_i}} \tag{2-16}$$

2.3.2 通过圆筒壁的导热

许多热力设备和管道的导热问题都属于圆筒壁导热。

2.3.2.1 单层圆筒壁

一常物性、无内热源的单层圆筒壁内、外半径分别为 r_1 和 r_2；内、外表面的温度恒定、均匀，并分别维持在 t_{w1} 和 t_{w2}；长度 l 远大于外径 d_2。因此，热量将沿半径方向传递，等温面是平行于内外表面的同心圆柱，温度场为一维稳态温度场。单层圆筒壁的导热如图 2-5 所示。

选用柱坐标，圆筒壁的导热微分方程可由式 2-6 简化为：

$$\frac{\mathrm{d}^2 t}{\mathrm{d} r^2} + \frac{1}{r} \cdot \frac{\mathrm{d} t}{\mathrm{d} r} = 0 \tag{a}$$

边界条件为：

$$r = r_1 \text{ 处}, t = t_{w1} \tag{b}$$

$$r = r_2 \text{ 处}, t = t_{w2} \tag{c}$$

令 $U = \dfrac{\mathrm{d} t}{\mathrm{d} r}$，则式（a）变为：

$$\frac{\mathrm{d} U}{\mathrm{d} r} + \frac{u}{r} = 0$$

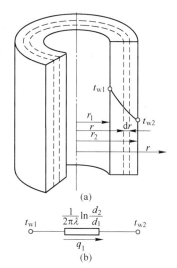

图 2-5 单层圆筒壁的导热

两边乘以 $r \mathrm{d} r$ 得：$\qquad r \mathrm{d} U + U \mathrm{d} r = 0$

即：$\qquad\qquad\qquad \mathrm{d}(Ur) = 0$

积分得：$\qquad\qquad Ur = c_1$ 或 $U = \dfrac{\mathrm{d} t}{\mathrm{d} r} = \dfrac{c_1}{r}$

再积分得：$\qquad\qquad t = c_1 \ln r + c_2 \tag{d}$

将边界条件（b）、（c）分别代入式（d），解得：

$$c_1 = \frac{t_{w2} - t_{w1}}{\ln \dfrac{r_2}{r_1}}, \quad c_2 = t_{w1} + \frac{t_{w1} - t_{w2}}{\ln \dfrac{r_2}{r_1}} \ln r_1 \tag{e}$$

将积分常数 c_1、c_2 代入式（d）后，整理的圆筒壁中的温度分布为：

$$t(r) = t_{w1} - \frac{t_{w1} - t_{w2}}{\ln \dfrac{r_2}{r_1}} \ln \frac{r}{r_1} \tag{2-17}$$

将式 2-17 对 r 求导,得径向温度变化率,即 r 方向的温度梯度为:

$$\frac{\mathrm{d}t}{\mathrm{d}r} = \frac{t_{w2} - t_{w1}}{\ln \frac{r_2}{r_1}} \cdot \frac{1}{r} \qquad (2-18)$$

由此可见,圆筒壁内的温度沿半径 r 的变化不是线性的,且温度变化率 $\frac{\mathrm{d}t}{\mathrm{d}r}$ 与半径 r 成反比。考虑到同一半径处 $\lambda \frac{\mathrm{d}t}{\mathrm{d}r}$ 为常数,由傅里叶定律得:

$$\Phi = -\lambda A \frac{\mathrm{d}t}{\mathrm{d}n}$$

即:

$$\Phi = -\lambda \frac{\mathrm{d}t}{\mathrm{d}r} 2\pi r l \qquad (f)$$

把式 2-18 代入式(f) 得:

$$\Phi = 2\pi\lambda l \frac{t_{w1} - t_{w2}}{\ln \frac{r_2}{r_1}} = 2\pi\lambda l \frac{t_{w1} - t_{w2}}{\ln \frac{d_2}{d_1}} \qquad (2-19)$$

式中　$\frac{1}{2\pi\lambda l} \ln \frac{d_2}{d_1}$ ——长度为 l 的单层圆筒壁的导热热阻,K/W。

工程上常用线热流密度 Φ_l,它是单位管长度的导热热流量。

$$\Phi_l = \frac{\Phi}{l} = \frac{t_{w1} - t_{w2}}{\frac{1}{2\pi\lambda} \ln \frac{d_2}{d_1}} \qquad (2-20)$$

2.3.2.2　多层圆筒壁

图 2-6 所示为三层圆筒壁的导热问题,各层的半径和热导率如图 2-6 所示。圆筒壁的内表面温度为 t_{w1},外表面温度为 t_{w4},并假定 $t_{w1} > t_{w4}$。

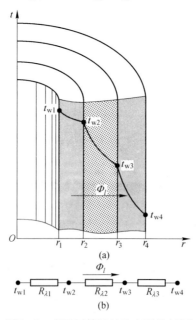

图 2-6　多层圆筒壁的稳态导热问题

对于多层圆筒壁,除满足单层圆筒壁的条件外,要求相邻两层间的接触良好,接触面无附加热阻。应用热阻串联规律,三层圆筒壁的导热热流量为:

$$\Phi = \frac{t_{w1} - t_{w4}}{R_1 + R_2 + R_3} = \frac{t_{w1} - t_{w4}}{\dfrac{1}{2\pi\lambda_1 l}\ln\dfrac{d_2}{d_1} + \dfrac{1}{2\pi\lambda_2 l}\ln\dfrac{d_3}{d_2} + \dfrac{1}{2\pi\lambda_3 l}\ln\dfrac{d_4}{d_3}} \tag{2-21}$$

界面温度为:

$$t_{w2} = t_{w1} - \Phi\frac{1}{2\pi\lambda_1 l}\ln\frac{d_2}{d_1} \tag{2-22}$$

$$t_{w3} = t_{w1} - \Phi\left(\frac{1}{2\pi\lambda_1 l}\ln\frac{d_2}{d_1} + \frac{1}{2\pi\lambda_2 l}\ln\frac{d_3}{d_2}\right) \tag{2-23}$$

2.3.3　变热导率

以上介绍的均是热导率为常数时无内热源的一维稳态导热。实际上,大多数工程材料的热导率是温度的函数,一般都表示温度的线性函数 $\lambda = \lambda_0(1 + bt)$。将 $\lambda = \lambda(t)$ 代入导热微分方程,即可得出温度分布的表达式。但推导过程及结果都相对复杂,如果对温度分布的准确性要求不是很关心,而只关心导热热流量的大小。这时可直接由傅里叶定律导出热流量的表达式。

对于一维稳态导热问题的傅里叶定律:

$$\Phi = -\lambda(t)\frac{\mathrm{d}t}{\mathrm{d}n}A = -\lambda_0(1 + bt)\frac{\mathrm{d}t}{\mathrm{d}n}A$$

分离变量并积分:

$$\begin{aligned}
\Phi\int_{n_1}^{n_2}\frac{\mathrm{d}n}{A} &= -\int_{t_{w1}}^{t_{w2}}\lambda_0(1 + bt)\mathrm{d}t = \lambda_0\left(t_{w1} + \frac{b}{2}t_{w1}^2 - t_{w2} - \frac{b}{2}t_{w2}^2\right) \\
&= \lambda_0\left[(t_{w1} - t_{w2}) + \frac{b}{2}(t_{w1} - t_{w2})(t_{w1} + t_{w2})\right] \\
&= \lambda_0(t_{w1} - t_{w2})\left[1 + \frac{b}{2}(t_{w1} + t_{w2})\right] \\
&= (t_{w1} - t_{w2})\lambda_m
\end{aligned}$$

式中,λ_m 为平均热导率,并且:

$$\lambda_m = \lambda_0\left[1 + \frac{b}{2}(t_{w1} + t_{w2})\right] = \lambda_0(1 + bt_m)$$

$$t_m = \frac{t_{w1} + t_{w2}}{2}$$

由此得:

$$\Phi = \frac{\lambda_m(t_{w1} - t_{w2})}{\displaystyle\int_{n_1}^{n_2}\frac{\mathrm{d}n}{A}} \tag{2-24}$$

式中,$\displaystyle\int_{n_1}^{n_2}\frac{\mathrm{d}n}{A}$ 与物体的形状和大小有关。对于平壁,$\displaystyle\int_{n_1}^{n_2}\frac{\mathrm{d}n}{A} = \frac{\delta}{A}$。

因此,大平壁的导热热流量为:　　$\Phi = \dfrac{t_{w1} - t_{w2}}{\dfrac{\delta}{\lambda_m A}}$

同样,可求得长圆筒壁的导热热流量为:

$$\Phi = \frac{t_{w1} - t_{w2}}{\dfrac{1}{2\pi l\lambda_m}\ln\dfrac{d_2}{d_1}}$$

由此可见,对于大多数工程材料,热导率与温度的关系可写成:$\lambda = \lambda_0(1 + bt)$,如果计算在温差 $t_{w1} - t_{w2}$ 下的导热热流量 Φ,只需用算术平均温度 t_m 求出平均热导率 λ_m,再代入常物性导热计算式,即可求出 λ 与 t 呈线性关系物体的导热热流量。

2.4　接触热阻简介

本章在分析多层壁的一维稳态导热时,假定层间接触良好,所以层间接触面上没有温度降落。事实上,两个名义上平的固体表面相互接触时,由于表面凹凸不平,实际接触部分只占整个接触面的 $1/1000 \sim 1/100$(见图 2-7)。一般情况下,两个固体接触表面间的大部分空隙都充满热导率很小的介质(如空气等)。在界面有热量传递时,界面上将产生一定的温度降落。引起这种温度降落的热阻称为接触热阻,单位接触面上的接触热阻称为面接触热阻,用 $r_c(\text{m}^2 \cdot \text{K/W})$ 表示。

两根接触的棒,当非接触的两个断面的温度不等时,将有热量从高温端向低温端传递。如果两根棒的圆柱表面绝热,则可测得如图 2-7 所示的温度分布。在界面 A—B 处,由于接触热阻产生温度降落 Δt_c。

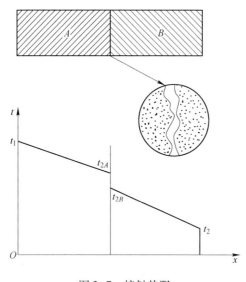

图 2-7　接触热阻

目前,接触热阻尚处于研究阶段,只能做一些定性分析,接触热阻与接触面的材质、表面粗糙度、接触压力、温度等因素有关。为了减少接触热阻,可降低接触面的粗糙度、增加接触压力、在接触处加热导率大的导热脂或硬度小且延伸性好的金属箔(紫铜箔或银箔等)。

3 非稳态导热

3.1 非稳态导热过程的特点

在前面讨论的导热问题中,温度场不随时间变化,称之为稳态导热。但是经常所遇到的导热问题的温度场是随时间而变化的,这种导热称为非稳态导热。例如,一些动力机械的启动和停机、钢坯在加热炉中的加热、铸件在铸型中的冷却、工件的淬火以及焊接过程等的导热都属于非稳态导热。由此可见,非稳态导热具有很大的意义。非稳态导热可分为周期性和瞬态两大类。周期性非稳态导热时,物体的温度呈周期性变化;瞬态非稳态导热时,物体的温度不断升高或降低。本章主要讨论瞬态非稳态导热问题。和稳态导热问题一样,求解温度场也是解决非稳态导热问题的关键。

非稳态导热问题的温度场可表示为:

$$t = f(x, y, z, \tau) \tag{3-1}$$

它比稳态导热多了一个时间变量,因此非稳态导热问题比稳态导热更复杂。现以非稳态导热为例,粗略地阐明非稳态导热的特点。

一初始温度为 t_0 的无限大平壁,突然投入到温度为 t_∞ 的流体中对称加热。平壁中的温度分布(a)、表面温度 t_w 和中心温度 t_m 的变化(b)、表面热流量的变化(c)如图 3-1 所示。

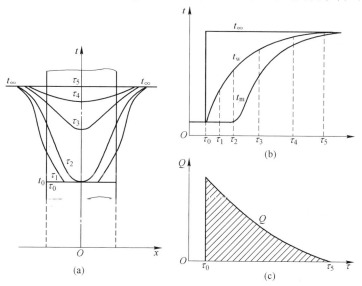

图 3-1　无限大平壁突然被流体加热

由图 3-1 可知,越接近表面,各个时刻温度分布曲线倾斜得越厉害,中心面处斜率为零。平壁刚投入流体中,表面温度 t_w 就立刻发生变化,而温度随时间的变化其变化率逐渐减小,并趋近于流体温度 t_∞。表面温度 t_w 变化后,温度变化逐渐由表及里地深入到物体内部,但要到某一时刻 τ_2,中心温度 t_m 才开始变化。t_m 随时间的变化其变化率开始较小,以后逐渐增大,然后又逐渐减小,最后中心温度 t_m 也趋于流体温度 t_∞。理论上,经过无限长的时间,物体内的温度又趋于一致。物体投入流体中后,由于开始时表面的传热温差最大,表面热流量 Φ 即达到最大值,以后 Φ 随着 t_w 增加而减小。图 3-1(c)中画有阴影线部分的面积,表示从 τ_0(初始时刻)到 τ_5 的时间内经过平壁表面流入物体的总热量 Q。热量 Q 全部被物体吸收,使物体的焓增加。所以非稳态导热时,热流量 Φ 也不是常数,与温度场一样,也是时间 τ 的函数。

对于非稳态导热问题,工程上所解决的是以下问题:

(1)物体的某一部分从初始温度上升或下降到某一确定的温度所需要的时间,或反之,经过某一时间后物体所达到的温度。

(2)求解物体在非稳态导热过程中的温度分布,为进一步求热应力及热变形提供基础。

(3)求解物体在非稳态导热过程中的温度变化率。

(4)求解某一时刻物体表面的热流量以及一段时间内传递的总热量。要解决以上问题,必须首先求出物体内部的温度场。

关于求解非稳态导热过程中温度场,一般可采用数学分析解法、数值解法、图解法和热电模拟法。

3.2　集总参数法

当无限大平壁在流体中加热时,如果平壁的热导率 λ_S 较大,表面传热系数 h 又较小,且平壁的半厚度 $\delta/2$ 不大,这样,平壁内部的导热热阻与表面传热热阻相比可以忽略,这时平壁中的温度分布基本趋于一致,物体中的温差不大,温降主要在物体的表面。其他形状的物体也有类似的现象。

由于物体内温度相差不大,可近似认为在这种非稳态导热过程中物体内的温度分布与坐标无关,仅随时间变化,因此,物体温度可用其任一点的温度表示,而将该物体的质量和热容量等视为集中于这一点。这种方法称为集总参数法。这是非稳态导热问题中最简单的一种情况。显然,如果物体的导热系数相当大,或几何尺寸很小,或物体表面传热系数极低,都可以将其非稳态导热问题归于这一类型,测量变动温度的热电偶以及较小的工件淬火等问题都可以用此方法求解。

当物体内部的导热热阻远远小于表面传热热阻 $1/h$ 时,即:

$$l_e/\lambda \ll 1/h$$

或　　　$\dfrac{\text{内部导热热阻}}{\text{外部(表面)传热热阻}} = \dfrac{l_e/\lambda_S}{1/h} = \dfrac{hl_e}{\lambda_S} = Bi \ll 1$ 　　　　　(3-2)

式中, l_e 为引用尺寸,对于无限大平壁, $l_e = \delta/2$(半厚),对于无限长圆柱和球, $l_e = d/2 = R$(半径); Bi 为毕渥数,是一个无量纲的准数。

显然,毕渥数 $Bi \ll 1$ 的物体, $\ll$ 是符合集总参数法简化计算的条件。

$$Bi < 0.1$$ 　　　　　(3-3)

理论上可以证明,当满足式 3-3 时,应用集总参数法解决非稳态导热问题,误差不超过 5%。

现在来分析环境温度恒定时的集总参数法。设有一体积为 V、表面积为 A、初始温度为 t_0、常物性无内热源的任意形状的固体,突然置于温度为 t_∞(恒定)的环境中加热(或冷却),物体表面与周围环境的表面传热系数为 h。

假定该问题满足集总参数法的应用条件,并用该方法分析物体内部温度随时间变化的规律。

由于物体内部的温度与坐标无关,导热微分方程为:

$$\frac{\mathrm{d}t}{\mathrm{d}\tau} = \frac{\dot{\Phi}}{\rho c} \tag{a}$$

因物体内部热阻可以忽略,则物体表面传热量等效于均布物体内部的热源产生的热量。表面传入的热流量由牛顿冷却公式(b)确定:

$$\Phi = hA(t_\infty - t) \tag{b}$$

则内热源强度为:

$$\dot{\Phi} = \frac{\Phi}{V} = \frac{hA(t_\infty - t)}{V} \tag{c}$$

$\dot{\Phi}$ 为正值,冷却时为负。将式(c)代入式(a)得:

$$\rho c V \frac{\mathrm{d}t}{\mathrm{d}\tau} = hA(t_\infty - t) \tag{d}$$

这是集总参数法分析物体非稳态导热的导热微分方程,是一个一元一阶非齐次方程。引入过余温度 $\theta = t - t_\infty$,将其变为齐次方程:

$$\rho c V \frac{\mathrm{d}\theta}{\mathrm{d}\tau} = -hA\theta \tag{e}$$

初始条件为:

$$\tau = 0 \text{ 时}, \quad \theta = \theta_0 = t_0 - t_\infty \tag{f}$$

将式(e)分离变量得:

$$\frac{\mathrm{d}\theta}{\theta} = -\frac{hA}{\rho c V}\mathrm{d}\tau \tag{g}$$

两边积分:

$$\int_{\theta_0}^{\theta} \frac{\mathrm{d}\theta}{\theta} = -\int_0^\tau \frac{hA}{\rho c V}\mathrm{d}\tau$$

得:

$$\ln \frac{\theta}{\theta_0} = -\frac{hA}{\rho c V}\mathrm{d}\tau$$

即:

$$\frac{\theta}{\theta_0} = \frac{t - t_\infty}{t_0 - t_\infty} = \exp\left(-\frac{hA}{\rho c V}\tau\right) \tag{3-4}$$

对式 3-4 右边变指数作如下变化:

$$\frac{hA}{\rho c V}\tau = \frac{h(V/A)}{\lambda} \cdot \frac{\lambda/(\rho c)}{(V/A)^2}\tau = \frac{hl_c}{\lambda} \cdot \frac{a\tau}{l_c^2} = Bi_V \cdot Fo_V \tag{3-5}$$

式中,Bi 和 Fo 为特征数,分别为毕渥数和傅里叶数,毕渥数 Bi 前面已介绍过,傅里叶数 Fo $= \frac{a\tau}{l_c^2}$,为无量纲的时间。

所以式 3-4 可以写成以下无量纲的形式:

$$\frac{\theta}{\theta_0} = \exp(-Bi_V \cdot Fo_V) \tag{3-6}$$

式 3-5 和式 3-6 中,下脚标"V"表示用 V/A 作特征尺寸,特征尺寸记为 l_c,它具有长度的量纲。Bi_V 和式 3-2 中的 Bi 不同,前者采用特征尺寸 l_c(大平壁为 $\delta/2$,长圆柱体为 $R/2$,球体为 $R/3$),而后者采用的是引用尺寸 l_e(大平壁为半厚 $\delta/2$,长圆柱体和球体都为 R)。l_c

和 l_e 的关系为：

$$\frac{l_c}{l_e} = M$$

式中，M 是一个与物体几何形状有关的无量纲量。对于无限大平壁，$M=1$；对于无限长圆柱体和正方形长柱体，$M=1/2$；对于球和正方体，$M=1/3$。这样，非稳态导热问题可用集总参数法简化分析的判别式 3-3 变成：

$$Bi_V < 0.1M$$

式 3-4 说明，物体的过余温度 θ 与时间 τ 成指数曲线关系。随着时间的增加，物体的温度变化开始快，以后逐渐减慢，最后趋于零（$\theta \to 0$），即物体温度趋于流体温度 t_∞。

如果计算从 $\tau = 0$ 到 τ 时刻通过物体传热表面传递的热量 Q，根据 Q 的定义得：

$$Q = \int_0^\tau \Phi d\tau = \int_0^\tau hA\theta d\tau = \int_0^\tau hA\theta_0 \exp\left(-\frac{hA}{\rho c V}\tau\right)d\tau$$

$$= hA(t_0 - t_\infty)\left(-\frac{\rho c V}{hA}\right)\left[\exp\left(-\frac{hA}{\rho c V}\tau\right) - 1\right]$$

$$= \rho c V(t_0 - t_\infty)\left[1 - \exp\left(-\frac{hA}{\rho c V}\tau\right)\right]$$

$$Q = Q_0\left[1 - \exp\left(-\frac{hA}{\rho c V}\tau\right)\right] \tag{3-7}$$

式中，$Q_0 = \rho c V(t_0 - t_\infty)$，$Q_0$ 称为物体的初始过余焓，单位为 J，表示物体由初始温度 t_0 变为环境（即流体）温度 t_∞ 时吸收或放出的热量。如 $t_0 < t_\infty$，Q_0 为负值，它表示由初始温度 t_0 变为 t_∞ 时所吸收的热量，这时 Q 也为负值，表示物体被加热。

3.3　内部热阻不可忽略的物体在第三类边界条件下的非稳态导热和诺谟图

应用集总参数法求解非稳态导热问题的前提条件是毕渥数 $Bi \ll 1$，即内部热阻可以忽略，使物体的温度及物性参数都可以集中于一点。但在实际物体中，物体的内部热阻是不可忽略的，而且在比较复杂的第三类边界条件下，非稳态导热就不能用集总参数法简化求解，由于问题的复杂性，数学分析的方法求解往往是很困难的，所以一般采用数值法和比拟法求解。但对于几何形状和边界条件不复杂的情况仍可用数学分析的方法求解，现以无限长大平壁对称加热为例（略去了数学分析过程）来说明。

3.3.1　无限大平壁的分析解和诺谟图

设有一厚 $2l$、无内热源的无限大平壁，初始温度均匀且为 t_0，突然将其放入温度为 t_∞（恒定）的流体中加热（或冷却），表面传热系数为 h（均匀、恒定）。

无限大平壁两侧表面对称加热，其中心面为对称面。如图3-2所示，将坐标原点选在平壁中心。由于对称，只研究一半即可。

上述问题完整的数学描述如下。

导热微分方程：

$$\frac{\partial t}{\partial \tau} = a\frac{\partial^2 t}{\partial x^2} \tag{a}$$

初始条件：

$$\tau = 0 \text{ 时，} \quad t(x,\tau) = 0 \tag{b}$$

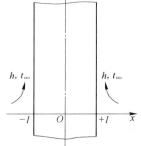

图 3-2　无限大平壁在第三类边界条件下的对称换热

边界条件:

$$x = 0 \text{ 处}, \frac{\partial t(x,\tau)}{\partial x} = 0 \quad \text{（对称性）} \tag{c}$$

$$x = l \text{ 处}, h[t(x,\tau) - t_\infty] = -\lambda \frac{\partial t(x,\tau)}{\partial x} \tag{d}$$

引入过余温度 $\theta(x,\tau) = t(x,\tau) - t_\infty$，其解为:

$$\frac{\theta(x,\tau)}{\theta_0} = 2\sum_{n=1}^{\infty} \exp\left(-\mu_n^2 \frac{a\tau}{l^2}\right) \frac{\sin\mu_n \cos\left(\mu_n \frac{x}{l}\right)}{\mu_n + \sin\mu_n \cos\mu_n} \tag{3-8a}$$

式中，$\theta_0 = t(x,0) - t_\infty = t_0 - t_\infty$，为初始过余温度。当 $\frac{a\tau}{l^2} \geq 0.2$ 时，式 3-8a 可简化为:

$$\frac{\theta(x,\tau)}{\theta_0} = 2\exp\left(-\mu_1^2 \frac{a\tau}{l^2}\right) \frac{\sin\mu_1 \cos\left(\mu_1 \frac{x}{l}\right)}{\mu_1 + \sin\mu_1 \cos\mu_1} \tag{3-8b}$$

式中，μ_1 为特征方程式 3-9 的根。

$$\tan\mu_1 = \frac{Bi}{\mu_1} \tag{3-9}$$

考虑式:

$$\frac{\theta}{\theta_0} = f_1\left(Fo, Bi, \frac{x}{l}\right) \tag{3-10}$$

对于中心面 $(x = 0)$，式 3-8b 可写成:

$$\frac{\theta_m}{\theta_0} = \exp(-\mu_1^2 Fo) \frac{2\sin\mu_1}{\mu_1 + \sin\mu_1 \cos\mu_1} = f_2(Fo, Bi) \tag{3-11}$$

式中，$\theta_m = t(0,\tau) - t_\infty$。

而

$$\frac{\theta}{\theta_0} = \frac{\theta}{\theta_m} \cdot \frac{\theta_m}{\theta_0} \tag{3-12}$$

由式 3-8 和式 3-11、式 3-12 得:

$$\frac{\theta}{\theta_m} = \cos\left(\mu_1 \frac{x}{l}\right) = f_3\left(Bi, \frac{x}{l}\right) \tag{3-13}$$

将式 3-11 和式 3-12 绘成图 3-3 和图 3-4。这样，由图 3-3 和图 3-4 分别查出 $\frac{\theta_m}{\theta_0}$ 和 $\frac{\theta}{\theta_m}$ 后，利用式 3-12 即可求得无限大平壁内任一点在傅里叶数 $Fo > 0.2$ 时的相对过余温度 $\frac{\theta}{\theta_0}$ 和过余温度 θ，最后求得温度 t_0。如已知 t、x 和 Bi，可先由图 3-4 查出 $\frac{\theta}{\theta_m}$，利用式 3-12 求出 $\frac{\theta_m}{\theta_0}$，再由 $\frac{\theta_m}{\theta_0}$ 和 Bi 利用图 3-3 查出相应的 Fo。

求出加热或冷却到此温度所需的时间 τ。

知道平壁内的温度分布后，就可求得 $0 \sim \tau$ 时间内平壁焓的变化，即:

$$\Delta H = Q = \rho c A \int_{-l}^{l} (t - t_0) \mathrm{d}x = \rho c A \int_{-l}^{l} (\theta - \theta_0) \mathrm{d}x = \rho c A \int \left(\frac{\theta}{\theta_0} - 1\right) \mathrm{d}x$$

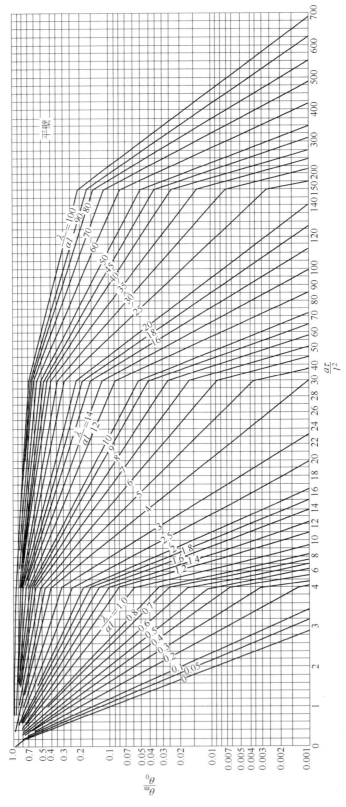

图 3-3　无限大平壁中心温度的诺谟图

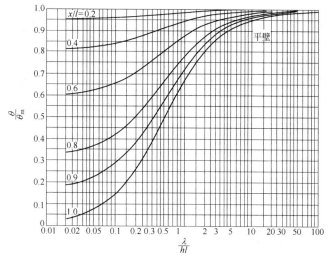

图 3-4　无限大平壁的 $\dfrac{\theta}{\theta_m}$ 曲线

将式 3-10 代入上式并积分整理得:

$$Q = 2\rho c \theta_0 l A \left[\sum_{n=1}^{\infty} \frac{2\sin^2 \mu_n}{\mu_n^2 + \mu_n \sin\mu_n \cos\mu_n} \exp\left(-\mu_n^2 \frac{a\tau}{l^2} \right) - 1 \right]$$

$$= Q_0 \left[1 - \sum_{n=1}^{\infty} \frac{2\sin^2 \mu_n}{\mu_n^2 + \mu_n \sin\mu_n \cos\mu_n} \exp\left(-\mu_n^2 Fo \right) \right]$$

或

$$\frac{Q}{Q_0} = f_4(Bi, Fo) = f_5(Bi, Bi^2 Fo) \tag{3-14}$$

式 3-14 绘成图 3-5。$Q_0 = -2\rho c l A \theta_0 = \rho c V(t_\infty - t_0)$ 是平壁从初始温度 t_0 变为周围流体温度 t_∞ 所需要加入或散失的热量。

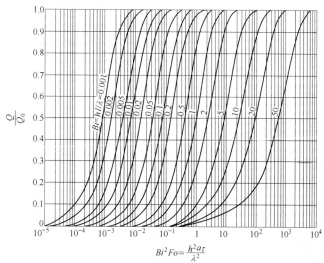

图 3-5　厚 $2l$ 的无限大平壁的焓变化

3.3.2　无限长圆柱体的诺谟图

无限长圆柱体在第三类边界条件下的温度分布分析(采用圆柱坐标)更为复杂,图 3-6~图 3-8 为无限长圆柱体非稳态导热的诺谟图。由此可以求出无限长圆柱体非稳态

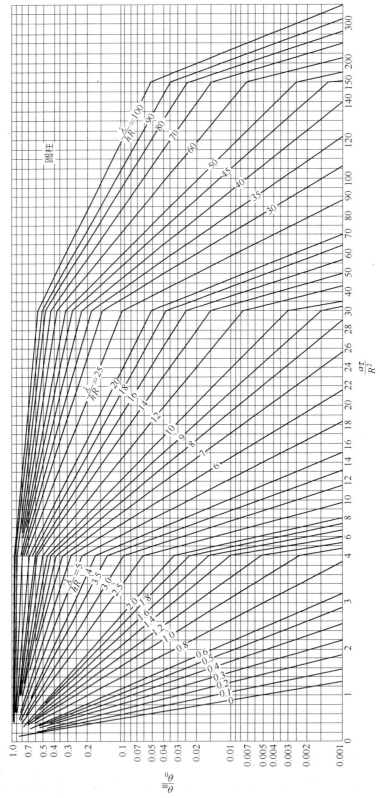

图 3-6　无限长圆柱体中心温度的诺谟图

导热的温度场和焓的变化。

圆球的非稳态导热的诺谟图也可以用同样的方法做出。

在上面介绍的诺谟图中,Bi、Fo 所采用的尺寸分别为:无限大平壁为厚度的一半 l,无限长圆柱体用半径 R,它们统称为引用尺寸 l_e。

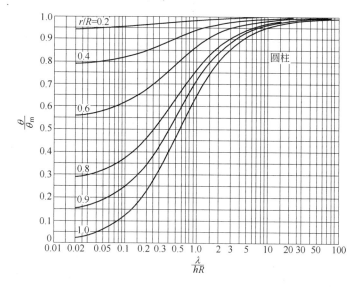

图 3-7 无限长圆柱体的 θ/θ_m 曲线

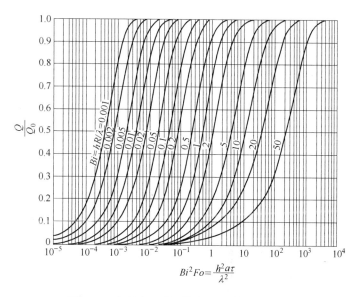

图 3-8 半径为 R 的无限长圆柱体的焓变化

3.3.3 二维和三维非稳态导热

工程上所遇到的非导热问题不仅仅是一维的,在很多情况下是二维或三维的。例如,无限长的长方柱体和短圆柱体的非稳态导热是二维的,长方体的非稳态导热是三维的。这些问题可以由导热微分方程及定解条件直接求解,但求解的过程比较难。上述二维和三维导热物体可由一维导热物体相交而成。例如,无限长的长方柱体可由两个无限大平壁垂直相交而成;长方体可由三个无限大的平壁垂直相交而成;短的圆柱体可由一个无限长的圆柱体和无限大平壁垂直相交而成。理论上已经证明,以上所述的二维及三维非稳态导热物体的相对过余温度等于垂直相交的一维非稳态导热物体相对过余温度的乘积,称为乘积解。即无限长的长方柱:

$$\frac{\theta}{\theta_0} = \left(\frac{\theta}{\theta_0}\right)_{p1} \left(\frac{\theta}{\theta_0}\right)_{p2} \tag{3-15}$$

短圆柱体:

$$\frac{\theta}{\theta_0} = \left(\frac{\theta}{\theta_0}\right)_{p} \left(\frac{\theta}{\theta_0}\right)_{c} \tag{3-16}$$

长方体:

$$\frac{\theta}{\theta_0} = \left(\frac{\theta}{\theta_0}\right)_{p1} \left(\frac{\theta}{\theta_0}\right)_{p2} \left(\frac{\theta}{\theta_0}\right)_{p3} \tag{3-17}$$

式中,下角标 p 和 c 分别表示无限大平壁和无限长圆柱体过余温度的乘积。这样就可以用一维稳态导热的诺谟图求解上述二维和三维非稳态导热物体的温度分布。

4　导热问题数值解法

前面两章都是应用数学分析方法直接由导热的微分方程和其定解条件求解,但是也可看到数学分析的方法只能解决一些导热的几何形状和边界条件简单的导热问题。如果物体的几何形状及边界条件都比较复杂,使用数学分析的方法就十分困难,甚至是不可能的。因此,应用数学分析方法求解导热问题有很大的局限性。

数值解法是一种近似地求解微分方程式的方法,可用于任何复杂的边界条件及物理常数随温度变化的情况,并能求出足够准确的解答。随着计算机的发展,数值解法不但加快了运算速度,而且扩大了应用范围,并逐渐形成了传热学的一个分支——数值传热学。

目前,导热问题的数值解法比较常用的是有限单元法和有限差分法,本章只介绍有限差分法在求解导热问题方面的应用。

4.1　离散化和差商

数学分析的方法是对微分方程和定解条件直接求解,所求解的结果是关于求解区域和时间的连续函数。而数值解法是尽量避开对微分方程直接求解,首先对求解区域进行离散化,即将区域分成许多互不重叠的单元体。每个单元体的物理量用某一点的物理量来代替,该点称为节点。以节点的函数值作为基本未知量,并在这些节点上用差商代替微商,差分代替微分,将所要求解的微分方程变为代数方程组,求解代数方程组即得到各节点函数值。

图 4-1 中的实线是最简单的一种非稳态导热在某时刻 τ_1 温度分布的示例。将物体用 Δx(步长)沿 x 坐标分成若干各单元体,经离散后其温度分布曲线变成图中虚线所示的沿 x 方向变化的有限个温度值。

对于二维导热物体,可分别以 Δx 和 Δy 为步长沿 x 轴和 y 轴将物体分割成矩形网格,如图 4-2 中虚线所示。每一网格的中心作为节点。将相邻节点连起来即组成节点的网格,见图 4-2 中的实线。每一节点的位置用两个坐标表示,例如,在 z 轴、y 轴上的位置为($i\Delta x$, $j\Delta y$),简单表示为 $A_{i,j}$。节点网格与物体边界的交界点称为边界节点。这样,由于划分节点网格,二维导热物体的连续温度场可以离散化为两个坐标方向变化的有限个温度值。

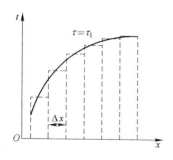

图 4-1　一维温度场的离散化

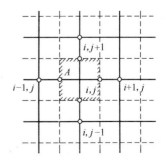

图 4-2　二维物体中的节点网格

对于节点网格,用差分代替微分,用差商代替微商(导数),可将微分方程转化成有限个差分方程。

同样,时间坐标也可用 $\Delta\tau$ 来划分,使任意单元体随时间连续变化的温度函数变成随时间变化的有限个温度值。

微商定义为:

$$\left(\frac{\partial t}{\partial x}\right)_{i,j} = \lim_{\Delta x\to 0}\left(\frac{\Delta t}{\Delta x}\right)_{i,j} = \lim_{\Delta x\to 0}\frac{t_{i+1,j} - t_{i,j}}{\Delta x} \tag{4-1}$$

当 Δx 为较小的有限尺度时,微商可近似表示为:

$$\left(\frac{\partial t}{\partial x}\right)_{i,j} \approx \left(\frac{\Delta t}{\Delta x}\right)_{i,j} = \frac{t_{i+1,j} - t_{i,j}}{\Delta x} \tag{4-2}$$

由图4-3可见,Δx 越小,有限差商越接近于微商值。但 Δx 越小,节点越多(步长减小一半,二维节点数增加到4倍,三维节点数增加到8倍),解题所花费的时间将增加很多。

用有限差商代替微商时,由于差分方向不同,分为向前差分、向后差分和中心差分(见图4-4)。

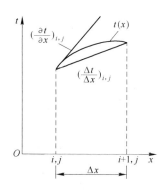

图4-3　微商和有限差商

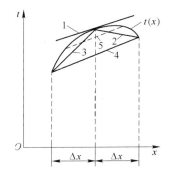

图4-4　向前差分、向后差分和中心差分

向前差分:

$$\left(\frac{\partial t}{\partial x}\right)_{i,j} \approx \frac{t_{i+1,j} - t_{i,j}}{\Delta x} \tag{4-3}$$

向后差分:

$$\left(\frac{\partial t}{\partial x}\right)_{i,j} \approx \frac{t_{i,j} - t_{i-1,j}}{\Delta x} \tag{4-4}$$

中心差分:

$$\left(\frac{\partial t}{\partial x}\right)_{i,j} \approx \frac{t_{i+1,j} - t_{i-1,j}}{2\Delta x} \tag{4-5}$$

或

$$\left(\frac{\partial t}{\partial x}\right)_{i,j} \approx \frac{t_{i+1/2,j} - t_{i-1/2,j}}{\Delta x} \tag{4-6}$$

由图4-4可见,中心差分的误差要比向前和向后差分的误差小,所以今后尽可能地采用中心差分。

温度函数对坐标量的二阶微商采用二阶中心差分,即:

$$\left(\frac{\partial^2 t}{\partial x^2}\right)_{i,j} = \frac{\partial}{\partial x}\left(\frac{\partial t}{\partial x}\right)_{i,j} \approx \frac{\left(\frac{\partial t}{\partial x}\right)_{i+1/2,j} - \left(\frac{\partial t}{\partial x}\right)_{i-1/2,j}}{\Delta x}$$

$$\approx \frac{\dfrac{t_{i+1,j} - t_{i,j}}{\Delta x} - \dfrac{t_{i,j} - t_{i-1,j}}{\Delta x}}{\Delta x} = \frac{t_{i+1,j} - 2t_{i,j} + t_{i-1,j}}{(\Delta x)^2}$$

同理:

$$\left(\frac{\partial^2 t}{\partial y^2}\right)_{i,j} \approx \frac{t_{i,j+1} - 2t_{i,j} + t_{i,j-1}}{(\Delta y)^2} \tag{4-7}$$

这样,就得到了四个中心差分公式,它们作为基本差分公式,即:

$$\left(\frac{\partial t}{\partial x}\right)_{i,j} \approx \frac{t_{i+1,j} - t_{i-1,j}}{2\Delta x}$$

$$\left(\frac{\partial t}{\partial y}\right)_{i,j} \approx \frac{t_{i,j+1} - t_{i,j-1}}{2\Delta y}$$

$$\left(\frac{\partial^2 t}{\partial x^2}\right)_{i,j} \approx \frac{t_{i+1,j} - 2t_{i,j} + t_{i-1,j}}{(\Delta x)^2}$$

$$\left(\frac{\partial^2 t}{\partial y^2}\right)_{i,j} \approx \frac{t_{i,j+1} - 2t_{i,j} + t_{i,j-1}}{(\Delta y)^2}$$

4.2 稳态导热问题的数值计算

导热问题数值计算的步骤大致为:

(1) 了解和认识被研究的导热现象,明确是稳态还是非稳态导热。

(2) 选定恰当的坐标系,建立其导热微分方程和定解条件。

(3) 将区域离散化,即将区域划分成若干个单元体,根据导热微分方程和定解条件写出内部节点和边界节点的差分方程。

(4) 用迭代法、消元法解代数方程组。

4.2.1 内部节点的有限差分方程

内部节点的有限差分方程可以直接从导热微分方程得到,即将基本差分公式代入导热微分方程即可。

二维稳态导热微分方程:

$$\frac{\partial^2 t}{\partial x^2} + \frac{\partial^2 t}{\partial y^2} = 0$$

$$\frac{t_{i+1,j} - 2t_{i,j} + t_{i-1,j}}{(\Delta x)^2} + \frac{t_{i,j+1} - 2t_{i,j} + t_{i,j-1}}{(\Delta y)^2} = 0 \tag{4-8a}$$

划分网格时,$\Delta x = \Delta y$,式 4-8a 变为:

$$t_{i-1,j} + t_{i+1,j} + t_{i,j-1} + t_{i,j+1} - 4t_{i,j} = 0 \tag{4-8b}$$

其物理意义可由热平衡法的基本原理来说明,任意单元体(节点所在网格单元)根据能量守恒定律写出热平衡式。

对于无内热源的稳态导热,导入节点(i,j)的代数和等于零,即:

$$\Phi_L + \Phi_R + \Phi_T + \Phi_B = 0 \qquad (\text{a})$$

图 4-5 所示为节点(i,j)及其相邻节点的位置和导热情况。由于是导入热流量,左侧导热温差为$t_{i-1,j} - t_{i,j}$。

所以,左侧导入的热流量为:

$$\Phi_L = \lambda \frac{t_{i-1,j} - t_{i,j}}{\Delta x} \Delta y \qquad (\text{b})$$

同理,右侧、上侧和下侧导入的热流量分别为:

$$\Phi_R = \lambda \frac{t_{i+1,j} - t_{i,j}}{\Delta x} \Delta y \qquad (\text{c})$$

$$\Phi_T = \lambda \frac{t_{i,j+1} - t_{i,j}}{\Delta y} \Delta x \qquad (\text{d})$$

$$\Phi_B = \lambda \frac{t_{i,j-1} - t_{i,j}}{\Delta y} \Delta x \qquad (\text{e})$$

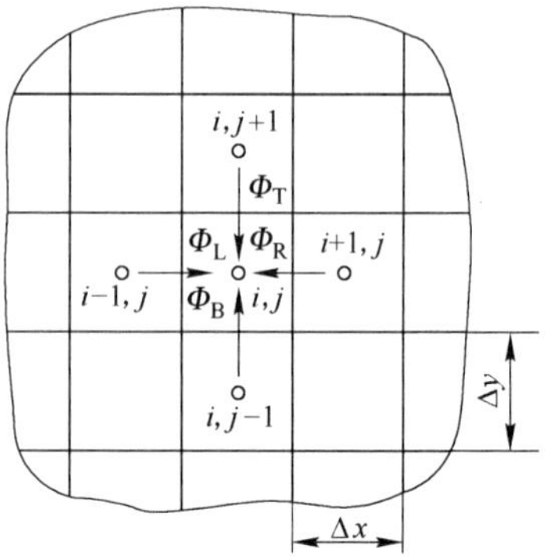

图 4-5　单元体的热平衡

将式(b)~式(e)代入式(a),得:

$$t_{i-1,j} + t_{i+1,j} + t_{i,j-1} + t_{i,j+1} - 4t_{i,j} = 0$$

4.2.2　边界节点的有限差分方程

由导热微分方程求解稳态导热问题时还必须有边界条件,才能有其确定解。所以边界条件也必须进行离散化,将其转化为有限差分方程。

对于第一类边界条件,边界节点温度是已知的,无需建立差分方程。对于第二类和第三类边界条件,则必须建立差分方程,其方法可以直接由导热微分方程和具体的边界体的边界条件建立,也可以由热平衡的方法建立。

以第三类边界条件下的边界节点(i,j)为例:

$$-\lambda_S \left(\frac{\partial t}{\partial n}\right)_w = h(t_w - t_f)$$

或

$$\lambda_S \left(\frac{\partial t}{\partial n}\right)_w + h(t_w - t_f) = 0$$

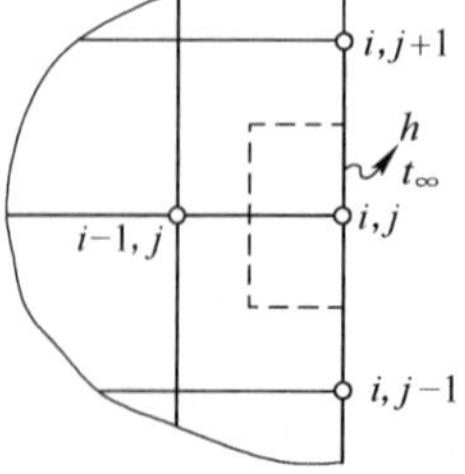

图 4-6　第三类边界条件下的边界节点(i,j)

一方面相邻节点以导热方式向它导入热量,另一方面周围环境与该节点有传热的热流量。稳态导热时,传给节点(i,j)的热流量之和等于零。即:

$$\lambda \frac{t_{i-1,j} - t_{i,j}}{\Delta x}\Delta y + \lambda \frac{t_{i,j-1} - t_{i,j}}{\Delta y}\frac{\Delta x}{2} + \lambda \frac{t_{i,j+1} - t_{i,j}}{\Delta y}\frac{\Delta x}{2} + h\Delta y(t_{\infty} - t_{i,j}) = 0$$

若取 $\Delta x = \Delta y$,则:

$$2t_{i-1,j} + t_{i,j+1} + t_{i,j-1} - \left(4 + \frac{2h\Delta x}{\lambda}\right)t_{i,j} + \frac{2h\Delta x}{\lambda}t_{\infty} = 0 \qquad (4-9)$$

这就是第三类边界条件下平直边界面上节点的有限差分方程。用同样的方法可以建立各种具体边界条件下边界节点的有限差分方程。表4-1 为某些情况下内部节点和边界节点的有限差分方程。

这样,物体的求解区域离散后共有 n 个节点,包括内部节点和边界节点,通过以上方法可建立 n 个差分方程,组成 n 个线性代数方程组。然后借此方程即可以求得 n 个节点的温度值。

表4-1 节点有限差分方程

序 号	节 点 特 征	节点有限差分方程($\Delta x = \Delta y$)
1	内部节点 	$t_{i-1,j} + t_{i+1,j} + t_{i,j-1} + t_{i,j+1} - 4t_{i,j} = 0$
2	对流边界节点 	$2t_{i-1,j} + t_{i,j+1} + t_{i,j-1} - \left(4 + \frac{2h\Delta x}{\lambda}\right)t_{i,j} + \frac{2h\Delta x}{\lambda}t_{\infty} = 0$
3	对流边界外部拐角节点 	$t_{i-1,j} + t_{i,j-1} - \left(2 + \frac{2h\Delta x}{\lambda}\right)t_{i,j} + \frac{2h\Delta x}{\lambda}t_{\infty} = 0$

序　号	节 点 特 征	节点有限差分方程($\Delta x = \Delta y$)
4	对流边界 内部拐角 节点 	$t_{i,j-1} + t_{i+1,j} + 2(t_{i-1,j} + t_{i,j+1}) - \left(6 + \dfrac{2h\Delta x}{\lambda}\right)t_{i,j} +$ $\dfrac{2h\Delta x}{\lambda}t_\infty = 0$
5	绝热边界 节点 	$t_{i,j+1} + t_{i,j-1} + 2t_{i-1,j} - 4t_{i,j} = 0$
6	曲面边界 节点 	$\dfrac{1}{b(b+1)}t_2 + \dfrac{1}{a+1}t_{i+1,j} + \dfrac{1}{b+1}t_{i,j-1} + \dfrac{1}{a(a+1)}t_i -$ $\left(\dfrac{1}{a} + \dfrac{1}{b}\right)t_{i,j} = 0$
7	恒热流边 界节点 	$t_{i-1,j} + t_{i+1,j} + 2t_{i,j-1} - 4t_{i,j} + \dfrac{2q_w\Delta x}{\lambda} = 0$

4.2.3　节点差分方程组的求解

节点差分方程组求解即对线性方程组求解。关于求解线性方程组,我们在线性代数中已经学到了很多方法,主要是两种方法,即直接解法和迭代法。导热方程所得到的有限差分方程采用迭代法更为方便。

迭代法原理如下。n 阶代数方程组为:

$$\left.\begin{array}{l} a_{11}t_1 + a_{12}t_2 + a_{13}t_3 = b_1 \\ a_{21}t_1 + a_{22}t_2 + a_{23}t_3 = b_2 \\ a_{31}t_1 + a_{32}t_2 + a_{33}t_3 = b_3 \end{array}\right\} \tag{4-10}$$

迭代求解过程为:

(1) 检查方程组中的主对角元素是否等于零,如某个对角元素 a_{ii} 等于零,可变换节点编号,使方程次序改变,保证 $a_{ii} \neq 0$。

(2) 将方程移项,写成未知量 t_i 的解的形式:

$$t_1 = \frac{1}{a_{11}}(b_1 - a_{12}t_2 - a_{13}t_3) = B_1 - A_{12}t_2 - A_{13}t_3 \tag{a}$$

$$t_2 = \frac{1}{a_{22}}(b_2 - a_{21}t_2 - a_{23}t_3) = B_2 - A_{21}t_2 - A_{23}t_3 \tag{b}$$

$$t_3 = \frac{1}{a_{33}}(b_3 - a_{31}t_2 - a_{32}t_3) = B_3 - A_{31}t_2 - A_{32}t_3 \tag{c}$$

式中

$$B_i = \frac{b_i}{a_{ii}} \qquad A_{i,j} = \frac{a_{ij}}{a_{ii}}$$

(3) 假设初值 $t_1^{(0)}$、$t_2^{(0)}$ 和 $t_3^{(0)}$ 已知。

(4) 用 $t_2^{(0)}$ 和 $t_3^{(0)}$ 值代入式(a)得到 $t_1^{(1)}$(t_1 的新值);

用 $t_1^{(1)}$ 和 $t_3^{(0)}$ 值代入式(b)得到 $t_2^{(1)}$;

用 $t_1^{(1)}$ 和 $t_2^{(1)}$ 值代入式(c)得到 $t_3^{(1)}$;

……

(5) 检查各 t_i 的新值与初值(或前一次迭代值)的偏差是否都小于预定的允许误差,即要求:

$$\max\left|t_i^{(k+1)} - t_i^k\right| < F \tag{4-11}$$

或

$$\max\left|\frac{t_i^{(k+1)} - t_i^{(k)}}{t_i^{(k)}}\right| < \varepsilon \tag{4-12}$$

式中　E——绝对误差;

　　　ε——相对误差,$\varepsilon = E/t_i^{(k)}$。

如果满足式 4-11 或式 4-12,则迭代过程结束;如不满足,则按下面一般式重新迭代:

$$t_1^{(k+1)} = B_1 - A_{12}t_2^{(k)} - A_{13}t_3^{(k)} \tag{d}$$

$$t_2^{(k+1)} = B_2 - A_{21}t_1^{(k)} - A_{23}t_3^{(k)} \tag{e}$$

$$t_3^{(k+1)} = B_3 - A_{31}t_1^{(k+1)} - A_{32}t_2^{(k+1)} \tag{f}$$

(6) 重复步骤(5),直至式 4-11 或式 4-12 得到满足。

以上迭代方法称为高斯(Gauss) – 赛德尔(Seidel)迭代法。从迭代过程可见,无论求哪一个 $t_i^{(k+1)}$,等式右边各个节点的温度要尽量用它们的最新值。例如,在由式(e)求 $t_2^{(k+1)}$ 时,t_1 已有新值 $t_1^{(k+1)}$,所以此时不用 $t_1^{(k)}$ 而用 $t_1^{(k+1)}$;由式(f)求 $t_3^{(k+1)}$ 时,要用 $t_1^{(k+1)}$ 和 $t_2^{(k+1)}$,而不用 $t_1^{(k)}$ 和 $t_2^{(k)}$。这样可使迭代过程收敛快一些,迭代次数少一些,并且节省一套存储单元。

4.3　非稳态导热问题的数值计算

非稳态导热问题与稳态导热问题的区别是,温度分布不仅与空间坐标有关,而且与时间有关。点 $P(x,y)$ 在 τ 时刻的温度 $t_P(x,y,\tau) = t(i\Delta x, j\Delta y, k\Delta \tau)$ 或 $t_{i,j}^{(k)}$,其中,$x = i\Delta x$,$y = j\Delta y$,$\tau = k\Delta \tau$。本节以一维非稳态导热问题为例,写出内部节点和边界节点的有限差分方程。本节着重介绍显示差分方程及其不稳定性,对隐式差分方程只略加说明。

4.3.1　内部节点的显示差分方程

如图 4-7 所示,以大平壁为例,常物性、无内热源的一维非稳态导热内部单元体的热平衡式为:

在 $k+1$ 时刻,相邻两点传入节点 i 的热量的代数和应等于此时与上一时刻内能的差值

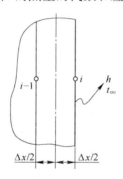

图 4-7　第三类边界条件下的边界节点

$$\lambda \frac{t_{i-1}^{(k)} - t_i^{(k)}}{\Delta x} + \lambda \frac{t_{i+1}^{(k)} - t_i^{(k)}}{\Delta x} = \rho c_p \Delta x \frac{t_i^{(k+1)} - t_i^{(k)}}{\Delta \tau} \tag{a}$$

整理得:

$$t_i^{(k+1)} = \left[1 - \frac{2a\Delta \tau}{(\Delta x)^2} \right] t_i^{(k)} + \frac{a\Delta \tau}{(\Delta x)^2} [t_{i-1}^{(k)} + t_{i+1}^{(k)}] \tag{b}$$

引用 $Fo = \dfrac{a\Delta \tau}{(\Delta x)^2}$,式(b)变为:

$$t_i^{(k+1)} = (1 - 2Fo)t_i^{(k)} + Fo(t_{i+1}^{(k)} + t_{i-1}^{(k)}) \tag{4-13}$$

这就是一维非稳态导热内部节点的显示差分方程。

4.3.2　边界节点的显示差分方程

和稳态导热不一样,第一类边界条件给定边界节点温度,无需建立边界节点的有限差分方程。对于第二类和第三类边界条件,可由边界点所在单元体的热平衡写出其有限差分方程。

现以常物性、无内热源的一维非稳态导热边界节点 i 为例,它与周围环境传热和相邻节点

$i-1$的导热情况如图4-7所示。节点i表示厚$\Delta x/2$的单元体,其热平衡(以单位面积计)为:

相邻节点导入的热流量 + 边界对流传热热流量 = 边界单元单位时间内焓的增量

即

$$\lambda\frac{t_{i-1}^{(k)}-t_i^{(k)}}{\Delta x}+h(t_\infty-t_i^{(k)})=\rho c\frac{\Delta x}{2}\cdot\frac{t_i^{(k+1)}-t_i^{(k)}}{\Delta\tau} \qquad (a)$$

整理得:

$$t_i^{(k+1)}=t_i^{(k)}+\frac{2\lambda\Delta\tau}{\rho c(\Delta x)^2}(t_{i-1}^{(k)}-t_i^{(k)})+\frac{2h\Delta\tau}{\rho c\Delta x}(t_\infty-t_i^{(k)}) \qquad (b)$$

引用

$$Fo=\frac{a\Delta\tau}{(\Delta x)^2}\quad\text{和}\quad Bi=\frac{h\Delta\tau}{\rho c\Delta x}$$

式(b)整理后得:

$$t_i^{(k+1)}=[1-2Fo(1+Bi)]t_i^{(k)}+2Fo\cdot t_{i-1}^{(k)}+2Fo\cdot Bi\cdot t_\infty \qquad (4-14)$$

用同样的方法可以写出一维非稳态导热的其他边界条件下边界节点的显示差分方程,以及二维非稳态导热内部节点、边界节点的显示差分方程,见表4-2。

表4-2　非稳态导热的节点显式差分方程

序 号	节 点 特 征	节点有限差分方程($\Delta x = \Delta y$,常物性)	稳定性条件
1	一维内部节点 $i-1$　i　$i+1$	$t_i^{(k+1)}=(1-2Fo)t_i^{(k)}+Fo(t_{i-1}^{(k)}+t_{i+1}^{(k)})$	$i-2Fo\geqslant0$
2	一维对流边界节点 h,t_∞　$i-1$　i	$t_i^{(k+1)}=[1-2Fo(1+Bi)]t_i^{(k)}+$ $2Fot_{i-1}^{(k)}+2FoBit_\infty$	$1-2Fo(1+Bi)\geqslant0$
3	一维绝热边界节点 $i-1$　i	$t_i^{(k+1)}=(1-2Fo)t_i^{(k)}+2Fot_{i-1}^{(k)}$	$1-2Fo\geqslant0$
4	内部节点 (二维,下同) $i-1,j$　i,j　$i+1,j$　$i,j+1$　$i,j-1$	$t_{i,j}^{(k+1)}=(1-4Fo)t_{i,j}^{(k)}+Fo(t_{i+1,j}^{(k)}+$ $t_{i-1,j}^{(k)}+t_{i,j-1}^{(k)}+t_{i,j+1}^{(k)})$	$1-4Fo\geqslant0$

续表 4-2

序　号	节　点　特　征	节点有限差分方程($\Delta x = \Delta y$, 常物性)	稳定性条件
5	平直对流 边界节点 	$t_{i,j}^{(k+1)} = [1 - 2Fo(2 + Bi)]t_{i,j}^{(k)} +$ $Fo(t_{i,j-1}^{(k)} + t_{i,j+1}^{(k)} + 2t_{i-1,j}^{(k)}) +$ $2FoBit_\infty$	$1 - 2Fo(2 + Bi) \geqslant 0$
6	平直恒热 流边界节点 	$t_{i,j}^{(k+1)} = (1 - 4Fo)t_{i,j}^{(k)} + Fo(2t_{i-1,j}^{(k)} +$ $t_{i,j-1}^{(k)} + t_{i,j+1}^{(k)}) + \dfrac{2Foq_w\Delta x}{\lambda}$	$1 - 4Fo \geqslant 0$
7	绝热边界 节点 	$t_{i,j}^{(k+1)} = (1 - 4Fo)t_{i,j}^{(k)} + Fo(2t_{i-1,j}^{(k)} +$ $t_{i,j-1}^{(k)} + t_{i,j+1}^{(k)})$	$1 - 4Fo \geqslant 0$
8	对流边界 外部拐角 节点 	$t_{i,j}^{(k+1)} = [1 - 4Fo(1 + Bi)]t_{i,j}^{(k)} + 2Fo$ $(t_{i,j-1}^{(k)} + t_{i-1,j}^{(k)}) + 4FoBit_\infty$	$1 - 4Fo(1 + Bi) \geqslant 0$
9	对流边界 内部拐角 节点 	$t_{i,j}^{(k+1)} = \left[1 - \dfrac{4}{3}Fo(3 + Bi)\right]t_{i,j}^{(k)} +$ $\dfrac{2}{3}Fo(2t_{i-1,j}^{(k)} + t_{i+1,j}^{(k)} +$ $2t_{i,j+1}^{(k)} + t_{i,j-1}^{(k)}) + \dfrac{4}{3}FoBit_\infty$	$1 - \dfrac{4}{3}Fo(3 + Bi) \geqslant 0$

4.3.3 显式差分格式的不稳定性

非稳态导热物体内部节点的显式差分方程和边界节点的显式差分方程组成显式差分格式方程组。解此方程组可以求得物体内的温度分布。但在计算过程中有时会发现，节点温度随时间 τ 的变化而波动，而且波动有时越来越大，使计算结果不收敛，以致无法继续下去。分析表 4-2 中的节点显示差分方程可以看出，$t_i^{(k)}$ 或 $t_{i,j}^{(k)}$ 前的系数可能是负值，$k\Delta\tau$ 时刻节点温度越高，$(k+1)\Delta\tau$ 时刻（下一时刻）的温度就越低。然而，这是不可能的，因为违背了热力学第二定律。

为了避免这种异常情况，在选择 Δx、Δy 及 $\Delta\tau$ 时，方程式 4-13 的第一项和方程式 4-14 的第一项都必须大于零。即满足以下两个条件：

（1）内部节点：

$$1 - 2Fo \geqslant 0 \qquad （一维问题）$$

或

$$Fo = \frac{a\Delta\tau}{(\Delta x)^2} \leqslant \frac{1}{2}$$

$$1 - 4Fo \geqslant 0 \qquad （二维问题）$$

或

$$Fo = \frac{a\Delta\tau}{(\Delta x)^2} \leqslant \frac{1}{4}$$

（2）边界节点：

$$1 - 2Fo(1 + Bi) \geqslant 0$$

或

$$Fo \leqslant \frac{1}{2Bi + 2}$$

以上条件是显式差分格式的稳定性条件，对于各式的差分方程，由于建立差分时采用的是向后差分，所以方程各项系数为正值，从而不会出现不稳定性。隐式差分方程必须联立代数方程组求解，而显式差分方程可直接用迭代法直接求解。

4.3.4 节点方程组求解

用显式差分方程求解非稳态导热问题的步骤为：

（1）选择坐标和时间的步长，按选定的坐标步长划分节点网格，并将节点按位置编号。

（2）按节点情况（位置和具体的边界条件）写出各节点的差分方程，并检查是否满足稳定性条件。

（3）从初始条件出发，逐点计算 $\Delta\tau$ 时刻各节点温度，然后再逐点计算 $2\Delta\tau$、$3\Delta\tau$ 等时刻各节点温度，直到指定时间为止。

4.4 有限单元法

4.4.1 单元划分和温度场的离散[3]

对于图 4-8 所示具有边界为 Γ 的区域 D，在有限单元法中可以划分成任意的三角形单元。每一个节点都有对应的数字序号 1、2 等；每一个单元也有它自己的编号①、②等。单元通过其定点与相邻单元相联系。对每个单元自身来说，三个顶点又都用 i、j、m 按逆时针方向进行编号。不包含边界的单元,如单元①、②、③等称为内部单元;包含边界的单元,如④、⑤等称为边界单元。通常内部单元编号在前,然后是第一类边界条件的单元,最后是第三类边界条件的单元(包括绝热边界单元)。为了简单,规定边界单元只有一条边(并且编号为 jm)位于边界上,节点 i 则与边界相对。对于内部单元,i、j、m 可任意按逆时针方向编排。但出于实用考虑,我们总是把 i 编在序号最小的那个节点上,如图 4-8 所示,以便于查找。

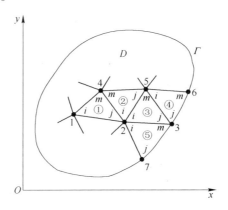

图 4-8　把平面划分成三角形单元

图 4-9 所示为区域 D 中取出的一个任意单元,在这里,三顶点的坐标都是已知的,所以对于顶点 i、j、m 的三条边 S_i、S_j、S_m 以及三角形面积 Δ 也都知道。三角形中任意一点 (x,y) 的温度 T,在有限单元法中把它离散到单元的三个节点上去,即用 T_i、T_j、T_m 三个温度值来表示单元中的温度场 T:

$$T = f(T_i, T_j, T_m) \tag{4-15}$$

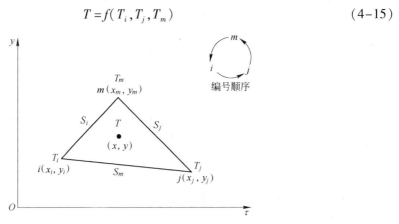

图 4-9　把温度场离散到三个顶点上去

这种处理方法称为温度场的离散。离散处理是一种近似计算方法。总的来说,单元划分得越小,计算精度就越高。但是我们可以灵活改变三角形单元的形状和尺寸。在形状复杂和温度变化剧烈的地方把单元划分得小一些,而在其余地方把单元适当放大一些。这样就可以在不增加单元和节点数量的条件下提高计算精度。

4.4.2 有限单元的总体合成

有限单元法计算的最终结果是求出区域 D 中的温度分布。本节的任务就是要把节点上的温度值 T_1、T_2、$\cdots$、T_n 求出来。

如果 J 定义为在整个区域 D 上的泛函，J^e 定义为三角形单元上的泛函，则：

$$J = \sum_e J^e \tag{4-16}$$

式中，$\sum_e$ 表示对全部单元求和。

由于温度场已经离散到全部节点上去，泛函实际上成为一个描写这些未知节点温度的多元函数，泛函的变分问题转化为多元函数求极值的问题。

如果区域 D 上 n 个节点的温度都是未知量，则多元函数具有 $J(T_1,T_2,\cdots,T_n)$ 的形式，J 取极值的条件为：

$$\frac{\partial J}{\partial T_k} = \sum_e \frac{\partial J^e}{\partial T_k} = 0 \quad (k = 1,2,\cdots,n) \tag{4-17}$$

如果区域 D 上 n 个节点的温度中，最后的 L 个为已知量，则多元函数具有 $J = (T_1,T_2,\cdots,T_{n-L})$ 的形式，J 取极值的条件为：

$$\frac{\partial J}{\partial T_k} = \sum_e \frac{\partial J^e}{\partial T_k} = 0 \quad (k = 1,2,\cdots,n - L) \tag{4-18}$$

式 4-17 和式 4-18 是总体合成的基础，下面以无内热源平面稳定温度场的总体合成为例，对其进一步分析。

式 4-17 中共包含 n 个线性代数方程。每一个方程，都是对所有的单元求和而成的。现以节点 3 为例来说明整体合成过程。

由图 4-8 可见，只有单元③、④、⑤中包含有节点 3，所以 $\sum_e \dfrac{\partial J^e}{\partial T_k} = 0$ 的求和实际上只牵涉到③、④、⑤三个单元，而不是所有单元，为什么别的单元不需要加到这里来呢？这是因为别的单元中不含有节点 3，它们的泛函对 T_3 求偏导数后都等于零。

对于单元③来说，节点 3 就是节点 j，其余类推。由此可见：

$$\frac{\partial J}{\partial T_3} = \frac{\partial J^{(3)}}{\partial T_i^{(3)}} + \frac{\partial J^{(4)}}{\partial T_j^{(4)}} + \frac{\partial J^{(5)}}{\partial T_m^{(5)}} = 0 \tag{4-19}$$

这时，单元③为内部单元，单元④、⑤为边界单元。根据式 4-20：

$$\left\{ \begin{array}{c} \dfrac{\partial J^e}{\partial T_i} \\[2ex] \dfrac{\partial J^e}{\partial T_j} \\[2ex] \dfrac{\partial J^e}{\partial T_m} \end{array} \right\} = \left[\begin{array}{ccc} k_{ii} & k_{ij} & k_{im} \\[1ex] k_{ji} & k_{jj} & k_{jm} \\[1ex] k_{mi} & k_{mj} & k_{mm} \end{array} \right] \left\{ \begin{array}{c} T_i \\[1ex] T_j \\[1ex] T_m \end{array} \right\} - \left\{ \begin{array}{c} p_i \\[1ex] p_j \\[1ex] p_m \end{array} \right\} = [K]^e \{T\}^e - \{p\}^e \tag{4-20}$$

$$k_{ii} = \phi(b_i^2 + c_i^2)$$

$$k_{jj} = \phi(b_j^2 + c_j^2) + \frac{\alpha s_i}{3}$$

$$k_{mm} = \phi\left(b_m^2 + c_m^2\right) + \frac{\alpha s_i}{3}$$

$$k_{ij} = k_{ji} = \phi\left(b_i b_j + c_i c_j\right)$$

式中　　　　　　　$$k_{im} = k_{mi} = \phi\left(b_i b_m + c_i c_m\right)$$

$$k_{jm} = k_{mj} = \phi\left(b_j b_m + c_j c_m\right) + \frac{\alpha s_i}{6}$$

$$p_i = 0$$

$$p_j = \frac{\alpha s_i T_f}{2}$$

$$p_m = \frac{\alpha s_i T_f}{2}$$

$$\phi = \frac{k}{4\Delta}$$

可得 :

$$\frac{\partial J^{(3)}}{\partial T_j^{(3)}} = k_{ji}^{(3)} T_i^{(3)} + k_{jj}^{(3)} T_j^{(3)} + k_{jm}^{(3)} T_m^{(3)} = k_{ji}^{(3)} T_2 + k_{jj}^{(3)} T_3 + k_{jm}^{(3)} T_5 \tag{4-21}$$

$$\frac{\partial J^{(4)}}{\partial T_j^{(4)}} = k_{ji}^{(4)} T_i^{(4)} + k_{jj}^{(4)} T_j^{(4)} + k_{jm}^{(4)} T_m^{(4)} - p_j^{(4)} = k_{ji}^{(4)} T_5 + k_{jj}^{(4)} T_3 + k_{jm}^{(4)} T_6 - p_j^{(4)} \tag{4-22}$$

$$\frac{\partial J^{(5)}}{\partial T_m^{(5)}} = k_{mi}^{(5)} T_i^{(5)} + k_{mj}^{(5)} T_j^{(5)} + k_{mm}^{(5)} T_m^{(5)} - p_m^{(5)} = k_{mi}^{(5)} T_2 + k_{mj}^{(5)} T_7 + k_{mm}^{(5)} T_3 - p_m^{(5)} \tag{4-23}$$

将式 4-21 ~ 式 4-23 代入式 4-19,得:

$$\frac{\partial J}{\partial T_3} = \left(k_{ji}^{(3)} + k_{mi}^{(5)}\right) T_2 + \left(k_{jj}^{(3)} + k_{jj}^{(4)} + k_{mm}^{(5)}\right) T_3 + \left(k_{jm}^{(3)} + k_{ji}^{(4)}\right) T_5 +$$

$$\left(k_{jm}^{(4)} T_6 + k_{mj}^{(5)}\right) T_7 - \left(p_j^{(4)} + p_m^{(5)}\right) = 0 \tag{4-24}$$

把式 4-24 用零元素扩充成含有 n 个节点温度的方程:

$$\frac{\partial J}{\partial T_3} = k_{31} T_1 + k_{32} T_2 + k_{33} T_3 + k_{34} T_4 + k_{35} T_5 + k_{36} T_6 + k_{37} T_7 + \cdots + k_{3n} T_n - p_3 = 0 \tag{4-25}$$

$$k_{31} = k_{34} = 0$$

$$k_{38} = k_{39} = \cdots = k_{3n} = 0$$

$$k_{32} = k_{ji}^{(3)} + k_{mi}^{(5)}$$

$$k_{33} = k_{jj}^{(3)} + k_{jj}^{(4)} + k_{mm}^{(5)}$$

式中　　　$$k_{35} = k_{jm}^{(3)} + k_{ji}^{(4)}$$

$$k_{36} = k_{jm}^{(4)}$$

$$k_{37} = k_{mj}^{(5)}$$

$$p_3 = p_j^{(4)} + p_m^{(5)}$$

总之,同一单元中的相邻节点(例如节点 7、2、5、6,称为与节点 3 在同一单元中相邻节点)在合成时会对该节点方程的系数值有所"贡献",而不在同一单元的其余节点就不会有所"贡献",这是总体合成的关键。在有限单元法中,把单元的系数项叠加到整体的系数项中去称为"贡献"。

如式 4-19 那样,对 n 个节点温度都求偏导数并等于零,就可得到 n 个代数方程。把这

个方程组写成矩阵形式,则为:

$$\begin{bmatrix} k_{11} & k_{12} & \cdots & k_{1n} \\ k_{21} & k_{22} & \cdots & k_{2n} \\ \vdots & \vdots & \vdots & \vdots \\ k_{n1} & k_{n2} & \cdots & k_{nn} \end{bmatrix} \begin{Bmatrix} T_1 \\ T_2 \\ \vdots \\ T_n \end{Bmatrix} = \begin{Bmatrix} p_1 \\ p_2 \\ \vdots \\ p_n \end{Bmatrix} \qquad (4-26)$$

或简写成:

$$[K]\{T\} = \{p\} \qquad (4-27)$$

式中,系数矩阵$[K]$称为温度刚度矩阵,由于$[K]$首先出现在弹性力学的有限单元法中,称为刚度矩阵,这里是借用了这个名称;$\{T\}$是未知温度值的列向量;$\{p\}$称为等式右端项组成的列向量。

现在把整个温度刚度矩阵及总方程组右端列向量的合成规律总结如下(以节点3为例):

(1)节点方程的主对角元素或方程右端项由包含该节点的所有单元中相应的主对角元素或常数项之和构成;

(2)节点方程的非主对角元素由包含此节点的有关直线的所有单元中相应的非主对角元素之和构成。

有了这两点合成规律,总体合成就比较容易掌握。

4.4.3　不稳定温度场的总体合成

合成的基本公式为:

$$\frac{\partial J}{\partial T_k} = \sum_e \frac{\partial J^e}{\partial T_k} = 0 \quad (k = 1,2,\cdots,n) \qquad (4-28)$$

合成的方法也与前面的完全相同,这里不再重复。值得注意的是,其方程比稳态温度场的合成多了一项$[N]^e\left\{\dfrac{\partial T}{\partial t}\right\}^e$,所以总体合成后得到如下的形式:

$$\begin{bmatrix} k_{11} & k_{12} & \cdots & k_{1n} \\ k_{21} & k_{22} & \cdots & k_{2n} \\ \vdots & \vdots & \vdots & \vdots \\ k_{n1} & k_{n2} & \cdots & k_{nn} \end{bmatrix} \begin{Bmatrix} T_1 \\ T_2 \\ \vdots \\ T_n \end{Bmatrix} + \begin{bmatrix} n_{11} & n_{12} & \cdots & n_{1n} \\ n_{21} & n_{22} & \cdots & n_{2n} \\ \vdots & \vdots & \vdots & \vdots \\ n_{n1} & n_{n2} & \cdots & n_{nn} \end{bmatrix} \begin{Bmatrix} \dfrac{\partial T_1}{\partial t} \\ \dfrac{\partial T_2}{\partial t} \\ \vdots \\ \dfrac{\partial T_n}{\partial t} \end{Bmatrix} = \begin{Bmatrix} p_1 \\ p_2 \\ \vdots \\ p_n \end{Bmatrix} \qquad (4-29)$$

或简写为:

$$[K]\{T\} + [N]\left\{\frac{\partial T}{\partial t}\right\} = \{p\} \qquad (4-30)$$

式中,$[K]$就是温度刚度矩阵,与式4-27中的$[K]$完全相同;$[N]$称为变温矩阵,它是考虑温度变化的一个系数矩阵,是不稳定温度场计算特有的一项。

对于任一时刻t,式4-30可以写成:

$$[K]\{T\}_t + [N]\left\{\frac{\partial T}{\partial t}\right\}_t = \{p\}_t \qquad (4-31)$$

式中,下角标 t 是表示时间的函数。如果边界条件为定常,则:

$$\{p\}_{t-\Delta t} = p_t = \{p\}_{t+\Delta t} = \cdots \tag{4-32}$$

在求解不稳定温度场时,通过已知的初始条件(初始温度)和边界条件,$\left\{\dfrac{\partial T}{\partial t}\right\}_t$ 是未知

的,所以利用式 4-31 求解 $\{T\}_t$ 是不方便的。为此,用差分法把 $\left\{\dfrac{\partial T}{\partial t}\right\}_t$ 展开。

应用向后差分:

$$\left\{\frac{\partial T}{\partial t}\right\}_t = \frac{\{T\}_t - \{T\}_{t-\Delta t}}{\Delta t} \tag{4-33}$$

将式 4-33 代入式 4-31,得:

$$\left([K] + \frac{[N]}{\Delta t}\right)\{T\}_t = \frac{[N]\{T\}_{t-\Delta t}}{\Delta t} + \{p\}_t \tag{4-34}$$

式中,$\{T\}_{t-\Delta t}$ 为已知的初始温度场,由此求出 t 时刻的温度场 $\{T\}_t$。再求 $t+\Delta t$ 时刻的温度场,如此递推,就可得时间间隔为 Δt 的各个时刻的温度场。所以,式 4-34 是一个重要的递归公式。

4.4.4　无内热源平面稳定温度场计算举例

4.4.4.1　第三类边界条件

如图 4-10 所示,无限大平板厚度 H 为 0.2 m,导热系数 $\lambda = 1$ W/(m·℃)。一侧介质温度 $T_{f_1} = 100$℃,另一侧介质温度 $T_{f_2} = 0$℃,介质对平板的传热系数 $h = 20$ W/(m²·℃)。求平板两侧面温度及中心温度。

这个问题可以容易地得到理论理解,这里仅用来说明有限单元法的计算方法。

图 4-11 所示为一种最简单的单元分割形式。取 x 方向的单元长为平板厚度的一半。由于是一维导热问题,在 y 方向的尺寸没有要求,可以任取,为了简单,取其与 x 方向的边长相等。对于①、②、③、④四个元素,根据其顶点的坐标值以及题目中给定的数据,可以分别求出它的 $b_i \cdots c_i \cdots k_{ii} \cdots k_{jm}、p_j \cdots$ 值。三角形面积 Δ 可按公式 $\Delta = \dfrac{1}{2}(b_i c_j - b_j c_i)$ 计算,但对于直角三角形,也可用 $\Delta = \dfrac{1}{2} \times 底 \times 高 = \dfrac{1}{2} \times 0.1 \times 0.1 = 0.005$。

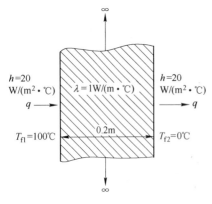

图 4-10　一维导热问题

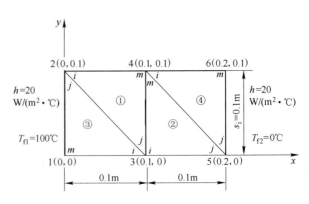

图 4-11　用二维有限单元分割法

单元①是第三类边界单元,可得:

$$b_i = y_j - y_m = 0.1$$
$$b_j = y_m - y_i = 0$$
$$b_m = y_i - y_j = -0.1$$
$$c_i = x_m - x_j = 0$$
$$c_j = x_i - x_m = 0.1$$
$$c_m = x_j - x_i = -0.1$$

代入下式可得:

$$k_{ii}^{(1)} = \frac{\lambda}{4\Delta}(b_i^2 + c_i^2) = 0.5$$

$$k_{jj}^{(1)} = \frac{\lambda}{4\Delta}(b_j^2 + c_j^2) + \frac{hs_i}{3} = 0.5 + 0.667 = 1.167$$

$$k_{mm}^{(1)} = \frac{\lambda}{4\Delta}(b_j^2 + c_j^2) + \frac{hs_i}{3} = 0.5 + 0.667 = 1.167$$

$$k_{ij}^{(1)} = k_{ji}^{(1)} = \frac{\lambda}{4\Delta}(b_i b_j + c_i c_j) = 0$$

$$k_{im}^{(1)} = k_{mi}^{(1)} = \frac{\lambda}{4\Delta}(b_i b_m + c_i c_m) = -0.5$$

$$k_{jm}^{(1)} = k_{mj}^{(1)} = \frac{\lambda}{4\Delta}(b_j b_m + c_j c_m) + \frac{hs_i}{6} = -0.5 + 0.333 = -0.167$$

$$p_i^{(1)} = 0, p_j^{(1)} = p_m^{(1)} = \frac{hs_i T_f}{2} = 100$$

单元②是内部单元,利用上面的计算公式可得:

$$b_i = -0.1$$
$$b_j = 0$$
$$b_m = 0.1$$
$$c_i = 0$$
$$c_j = -0.1$$
$$c_m = 0.1$$

$$k_{ii}^{(2)} = \frac{\lambda}{4\Delta}(b_i^2 + c_i^2) = 0.5$$

$$k_{jj}^{(2)} = \frac{\lambda}{4\Delta}(b_j^2 + c_j^2) + \frac{hs_i}{3} = 0.5$$

$$k_{mm}^{(2)} = \frac{\lambda}{4\Delta}(b_m^2 + c_m^2) = 1.0$$

$$k_{ij}^{(2)} = k_{ji}^{(2)} = \frac{\lambda}{4\Delta}(b_i b_j + c_i c_j) = 0$$

$$k_{im}^{(2)} = k_{mi}^{(2)} = \frac{\lambda}{4\Delta}(b_i b_m + c_i c_m) = -0.5$$

$$k_{jm}^{(2)} = k_{mj}^{(2)} = \frac{\lambda}{4\Delta}(b_j b_m + c_j c_m) = -0.5$$

$$p_i^{(2)} = p_j^{(2)} = p_m^{(2)} = 0$$

单元③：

$$k_{ii}^{(3)} = 1.0$$

$$k_{jj}^{(3)} = 0.5$$

$$k_{mm}^{(3)} = 0.5$$

$$k_{ij}^{(3)} = k_{ji}^{(3)} = -0.5$$

$$k_{im}^{(3)} = k_{mi}^{(3)} = -0.5$$

$$k_{jm}^{(3)} = k_{mj}^{(3)} = 0$$

$$p_i^{(3)} = p_j^{(3)} = p_m^{(3)} = 0$$

单元④：

$$k_{ii}^{(4)} = 0.5$$

$$k_{jj}^{(4)} = 1.667$$

$$k_{mm}^{(4)} = 1.667$$

$$k_{ij}^{(4)} = k_{ji}^{(4)} = 0$$

$$k_{im}^{(4)} = k_{mi}^{(4)} = -0.5$$

$$k_{jm}^{(4)} = k_{mj}^{(4)} = -0.167$$

$$p_i^{(4)} = p_j^{(4)} = p_m^{(4)} = 0$$

图 4-11 的整体包含 6 个节点，总体合成后可得如下六阶线性代数方程组：

$$\begin{bmatrix} k_{11} & k_{12} & \cdots & k_{16} \\ k_{21} & k_{22} & \cdots & k_{26} \\ \vdots & \vdots & \vdots & \vdots \\ k_{61} & k_{62} & \cdots & k_{66} \end{bmatrix} \begin{Bmatrix} T_1 \\ T_2 \\ \vdots \\ T_6 \end{Bmatrix} = \begin{Bmatrix} p_1 \\ p_2 \\ \vdots \\ p_6 \end{Bmatrix} \tag{4-35}$$

参看图 4-11，并按前面所述总体合成的规律，可得：

$$k_{11} = k_{mm}^{(1)} = 1.667$$

$$k_{22} = k_{jj}^{(1)} + k_{ii}^{(2)} = 1.667$$

$$k_{33} = k_{ii}^{(1)} + k_{jj}^{(2)} + k_{ii}^{(3)} = 2$$

$$k_{44} = k_{ii}^{(4)} + k_{mm}^{(2)} + k_{mm}^{(3)} = 2$$

$$k_{55} = k_{jj}^{(4)} + k_{jj}^{(3)} = 1.667$$

$$k_{66} = k_{mm}^{(4)} = 1.667$$

$$k_{12} = k_{21} = k_{mj}^{(1)} = -0.167$$

$$k_{13} = k_{31} = k_{mi}^{(1)} = -0.5$$

$$k_{14} = k_{41} = k_{15} = k_{51} = k_{16} = k_{61} = 0$$

$$k_{23} = k_{32} = k_{ji}^{(1)} + k_{ji}^{(2)} = 0$$

$$k_{24} = k_{42} = k_{im}^{(2)} = -0.5$$

$$k_{25} = k_{52} = k_{26} = k_{62} = 0$$

$$k_{43} = k_{34} = k_{jm}^{(2)} + k_{im}^{(3)} = -1$$

$$k_{35} = k_{53} = k_{ij}^{(3)} = -0.5$$

$$k_{36} = k_{63} = 0$$

$$k_{45} = k_{54} = k_{jm}^{(3)} + k_{ij}^{(4)} = -0.5$$

$$k_{46} = k_{64} = k_{im}^{(4)} = -0.5$$

$$k_{56} = k_{65} = k_{jm}^{(4)} = -0.167$$

$$p_1 = p_m^{(1)} = 100$$

$$p_2 = p_i^{(2)} + p_j^{(1)} = 100$$

$$p_3 = p_i^{(1)} + p_j^{(2)} + p_i^{(3)} = 0$$

$$p_4 = p_m^{(2)} + p_m^{(3)} + p_i^{(4)} = 0$$

$$p_5 = p_j^{(3)} + p_j^{(4)} = 0$$

$$p_6 = p_m^{(4)} = 0$$

代入式 4-35, 可得:

$$\begin{bmatrix} 1.667 & -0.167 & -0.5 & 0 & 0 & 0 \\ -0.167 & 1.667 & 0 & -0.5 & 0 & 0 \\ -0.5 & 0 & 2 & -1 & -0.5 & 0 \\ 0 & -0.5 & -1 & 2 & 0 & -0.5 \\ 0 & 0 & -0.5 & 0 & 1.667 & -0.167 \\ 0 & 0 & 0 & -0.5 & -0.167 & 1.667 \end{bmatrix} \begin{Bmatrix} T_1 \\ T_2 \\ T_3 \\ T_4 \\ T_5 \\ T_6 \end{Bmatrix} = \begin{Bmatrix} 100 \\ 100 \\ 0 \\ 0 \\ 0 \\ 0 \end{Bmatrix} \quad (4-36)$$

求解式 4-36, 可得:

$$T_1 = T_2 = 83.35℃$$

$$T_3 = T_4 = 50℃$$

$$T_5 = T_6 = 16.65℃$$

理论解为:

$$T_1 = T_2 = 83.33℃$$

$$T_3 = T_4 = 50℃$$

$$T_5 = T_6 = 16.67℃$$

值得注意的是, 总体合成方程组 (式 4-35) 中的温度刚度矩阵 $[K]$ 是一个对称正定矩阵。验证 $[K]$ 的对称性是很容易的, 以 $[K]$ 中的任一元素 k_{23} 为例, 由图 4-11 可见, $k_{23} = k_{ji}^{(1)} + k_{ij}^{(2)}$, 而 $k_{32} = k_{ji}^{(1)} + k_{ij}^{(2)}$, 前面已经知道 $k_{ij}^{(1)} = k_{ji}^{(1)}$, $k_{ji}^{(2)} = k_{ij}^{(2)}$, 所以 $k_{32} = k_{23}$, 这就是矩阵的对称性。

所谓正定矩阵就是方阵的所有"主子式"均大于零。以式 4-35 中 $[K]$ 为例, 如果下列主子式:

$$k_{11} > 0, \begin{vmatrix} k_{11} & k_{12} \\ k_{21} & k_{22} \end{vmatrix} > 0, \begin{vmatrix} k_{11} & k_{12} & k_{13} \\ k_{21} & k_{22} & k_{23} \\ k_{31} & k_{32} & k_{33} \end{vmatrix} > 0, \cdots \quad (4-37)$$

即六阶主子式均大于零, 就称 $[K]$ 为正定阵, 为了容易理解, 试观察式 4-36 中 $[K]$ 的主对角元素 k_{11}、k_{22}、k_{33}、$\cdots$、k_{66}, 由于它们都是由平方项组成, 就保证了其元素均大于零, 另外, 发现这些主对角元素的值都远大于其余元素之值, 这就保证了各阶主子式大于零, 因而 $[K]$ 为正定阵。

4.4.4.2 绝热边界条件

同 4.4.1 节例, 但介质对平板的传热系数 $h = 0$。显然这是一个绝热边界条件的问题,计算时可以应用与 4.4.4.1 节相同的计算公式,只要把 $h = 0$ 代入就可以了。经过与 4.4.4.1 节相同的计算后,可得如下的线性代数方程组:

$$
\begin{bmatrix}
1 & -0.5 & -0.5 & 0 & 0 & 0 \\
-0.5 & 1 & 0 & -0.5 & 0 & 0 \\
-0.5 & 0 & 2 & -1 & -0.5 & 0 \\
0 & -0.5 & -1 & 2 & 0 & -0.5 \\
0 & 0 & -0.5 & 0 & 1 & -0.5 \\
0 & 0 & 0 & -0.5 & -0.5 & 1
\end{bmatrix}
\begin{Bmatrix}
T_1 \\ T_2 \\ T_3 \\ T_4 \\ T_5 \\ T_6
\end{Bmatrix}
=
\begin{Bmatrix}
0 \\ 0 \\ 0 \\ 0 \\ 0 \\ 0
\end{Bmatrix}
\qquad (4\text{--}38)
$$

式 4-38 为一齐次方程组,求解可得:

$$T_1 = T_2 = T_3 = T_4 = T_5 = T_6 = 任意值的无穷多个解$$

这个物理意义是很明确的:孤立绝热体系可在任何均匀温度下稳定下来。所以绝热边界本身不能唯一确定温度场,需要别的边界条件配合才能确定温度场。

4.4.4.3　第一类边界条件

同 4.4.1 节例,但平板两侧面温度为已知,即 $T_1 = T_2 = 100℃$,$T_5 = T_6 = 0℃$,求平板中心的温度。

这个问题等价于 4.4.4.1 节中 $h = \infty$,$T_{f_1} = 100℃$,$T_{f_2} = 0℃$,而 T_1、T_2、T_5、T_6 为未知的情况。手算时,可适当选取毕渥数 $Bi = \dfrac{hs_i}{\lambda} = 10^3$,则 $T_1 \approx T_{f_1}$。这样算得 $h = 10^4 \text{W/(m}^2 \cdot ℃)$,经过与 4.4.4.1 节相同的计算后,得:

$$
\begin{bmatrix}
334.3 & 166.2 & -0.5 & 0 & 0 & 0 \\
166.2 & 334.3 & 0 & -0.5 & 0 & 0 \\
-0.5 & 0 & 2 & -1 & -0.5 & 0 \\
0 & -0.5 & -1 & 2 & 0 & -0.5 \\
0 & 0 & -0.5 & 0 & 334.3 & 166.2 \\
0 & 0 & 0 & -0.5 & 166.2 & 334.3
\end{bmatrix}
\begin{Bmatrix}
T_1 \\ T_2 \\ T_3 \\ T_4 \\ T_5 \\ T_6
\end{Bmatrix}
=
\begin{Bmatrix}
50000 \\ 50000 \\ 0 \\ 0 \\ 0 \\ 0
\end{Bmatrix}
\qquad (4\text{--}39)
$$

求解式 4-39,可得:

$$T_1 = T_2 = 99.95℃$$
$$T_3 = T_4 = 50℃$$
$$T_5 = T_6 = 0.05℃$$

h 值取得越大,计算结果就越精确。例如取 $h = 10^5$ 时,得:

$$T_1 = T_2 = 99.995℃$$
$$T_3 = T_4 = 50℃$$
$$T_5 = T_6 = 0.005℃$$

取 $h = 10^6$ 时,得:

$$T_1 = T_2 = 99.9995℃$$
$$T_3 = T_4 = 50℃$$
$$T_5 = T_6 = 0.0005℃$$

由计算机计算时,为了获得更加精确的解,h 的值可以取更大的值。

5　对　流　传　热

5.1　对流传热概述

第1章中已指出,流体流过固体壁时的热量传递称为(表面)对流传热。对流传热是常见的热传递过程,例如人体的皮肤与周围空气的对流传热、室内的暖气与室内的空气的对流传热等。

对流传热可分为单相流体(无相变)的对流传热和有相变(凝结与沸腾)的流体的对流传热。单相流体的对流传热又可分为强迫对流传热和自然对流传热。无论哪一种对流传热,其热流量都可用牛顿冷却公式来计算。

5.1.1　牛顿冷却公式

对流传热量可表示为[4]:

$$\Phi = hA\Delta t \tag{5-1}$$

式中　A——对流传热面积;

　　　Δt——温差。

对流传热面积 A 和温差 Δt 比较容易确定,因此研究对流传热热流量主要是研究对流传热系数 h。由式5-1可以看出,对流传热热流量与温差成正比。事实上,对流传热热流量与温差并不是一次方的关系。但为了方便起见,仍然用式5-1,而把由此造成的影响都在对流传热系数中考虑。由此看来,式5-1只能作为对流传热系数 h 的定义式,它并没有揭示对流传热系数与诸影响因素的内在联系。

5.1.2　影响对流传热系数 h 的因素

对流传热是流体流过固体壁时的热量传递。它是由热对流和导热构成的复杂的热量传递过程。因此,影响对流传热系数 h 的因素也就是影响流动的因素及流体本身的热物理性质:

(1)流动的起因。对流传热分为自然对流传热和强迫对流传热。自然对流传热是流体在浮升力作用下运动而引起的对流传热。强迫对流传热是流体在外力(如泵、风机)的作用下流过传热面的对流传热。

(2)流动速度。由流体力学可知,流体的运动状态可分为层流和湍流。对于管内流动,当雷诺数 $Re < 2200$ 时,流体质点沿壁面做平行壁面流动,各层质点互不混合,因而称为层流;当 $Re > 10^4$ 时,称为湍流。湍流时流体各质点运动处于不规则状态,层与层之间互相混合,并且有漩涡产生。

当流型(或流动状态)不变时,流速增加,层流边界层厚度减小,湍流边界层中层流底层的厚度也减小,对流传热热阻减小,对流传热系数增加。

流速增加时,雷诺数增加。雷诺数的增加,有时会使流体由层流变成湍流。湍流是由于流体微团的互相掺混作用,使对流传热增强。所以,对于同一流体、同一种传热面,湍流时对流传热系数一般要大于层流时的对流传热系数。

(3) 流体有无相变。对流体传热无相变时流体仅改变显热,壁面与流体间有较大的温度差,而对流体传热有相变时,流体吸收或放出汽化潜热(及凝固潜热)。对于同一流体,汽化潜热要比热容大得多,所以有相变时对流传热系数比无相变时大。此外,沸腾时,液体中气泡的产生和运动增加了液体内部的扰动,也使对流传热强化。

(4) 壁面的几何形状、大小和位置。壁面的几何形状、大小和位置对流体的运动状态、速度分布都有很大的影响。由于传热面的几何形状和位置不同,流体在传热面上的流动情况不同,从而对流传热系数也不同。此外,如传热面的大小、管束排列方式、管间距离及流体冲刷管子的角度也都影响流体沿壁面的流动情况,从而对流传热系数也不同。

(5) 流体的热物理性质。流体的种类不同,物性也不同,对于同一种流体,由于温度变化,物性也会发生变化。这些都对对流传热有很大的影响。影响对流传热的主要物性参数有:比定压热容 c_p、密度 ρ、导热系数 λ、流体的黏度 η(或运动黏度 ν)、体膨胀系数 α_V 等。

综上所述,影响对流传热系数 h 的主要因素可定性地用函数形式表示为:

$$h = f(v, l, \lambda, \rho, c_p, \eta \text{ 或 } \nu, \alpha_V, \varphi) \tag{5-2}$$

式中　φ——壁面的几何形状因素,包括形状、位置等;

　　　l——描述壁面大小的几何尺寸。

研究对流传热的目的就是要确定对流传热系数 h 与上述诸因素的具体函数关系。如何根据具体条件确定对流传热系数 h 的值,这是一个很复杂的问题。一般来说,求 h 的函数关系有两种方法,一种是理论分析法,另一种是实验研究法。理论分析法目前还不能解决比较复杂的实际问题,但是它能够揭示过程的物理本质,并指出影响因素的主次关系。所以,本章除讲述理论分析法外,还将简要地介绍相似理论指导下的实验研究方法,同时介绍一些典型类别的对流传热准则的实验关联式。

5.2　边界层理论简介

5.2.1　流动边界层和热边界层

5.2.1.1　流动边界层(或速度边界层)

由流体力学可知,当流体沿着平壁流动,由于流体的黏性作用,壁面附近流体流速降低,人们通常将流体沿固体壁边缘处流体速度变化比较剧烈的薄层称为流动边界层,或速度边界层。

为方便起见,用相对流速 $\dfrac{u}{u_\infty}$(即相对过余流速 $\dfrac{u - u_w}{u_\infty - u_w}$,$u_w$ 为壁面上流速,$u_w = 0$;u_∞ 为主流流速)为 0.99 处作为流动边界层外缘,其厚度以 δ 表示。流体沿平壁流动时流动边界层如图 5-1 所示。随着流体沿平壁流动,壁面上层流边界层厚度逐渐增加。当雷诺数 Re 很高时(一般可以认为 $Re \geqslant 5 \times 10^5$),平壁附近前部为层流边界层,后部为湍流边界层。湍流边界层底部有层流底层存在。流动边界层有以下特性:

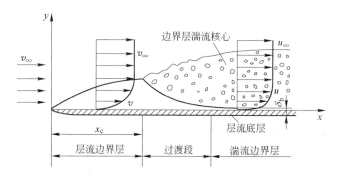

图 5-1 流体纵掠平壁时流动边界层的形成与发展

（1）流体雷诺数 Re 较大时，流动边界层厚度与物体的几何尺寸相比很小；

（2）流体流速变化几乎完全在流动边界层内，而边界外的主流区域流速几乎不变化；

（3）在边界层内，黏性力和惯性力具有相同的量级，它们均不可忽视；

（4）在垂直于壁面方向上，流体压力实际上可视为不变，即 $\partial p / \partial y = 0$；

（5）当雷诺数达到一定数值（临界雷诺数 Re_c）时，边界层内的流动状态可分为层流和湍流。前部为层流边界层，后部为湍流边界层。在湍流边界中，壁面附近有一层极薄的层流底层。

5.2.1.2 热边界层

在流体对流传热的情况下，流体与壁面间存在传热温差。在垂直于壁面的方向上靠近壁面处，流体温度变化很激烈，随着 y 的增加变化逐渐缓和。在 $y = 0$ 处，流体温度等于壁面温度 t_w。与流动边界层一样，在壁面附近流体温度变化比较剧烈的薄层，称为热边界层。如图 5-2 所示。

为方便起见，以流体相对过余温度 $\dfrac{t - t_w}{t_\infty - t_w} = 0.99$ 处作为热边界层的外缘。该处到壁面的距离称为热边界层厚度，用 δ_t 表示。

在层流边界中，沿 y 方向（壁面法线方向）的热量传递依靠导热，对流传热量比较弱。在湍流边界层中，层流底层沿 y 方向的热量传递方式仍然是导热，在湍流核心区，沿 y 方向的热量传递主要依靠流体微团脉动引起的混合作用产生的对流。因而，湍流边界层中对流传热比较强。

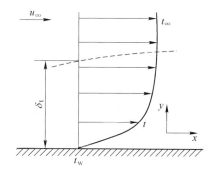

图 5-2 流体被冷却时的热边界层

应当指出，热边界层厚度 δ_t 与流动边界层厚度 δ 不能混淆，热边界层厚度是由流体中垂直于壁面方向上的温度分布确定的，而流动边界层厚度是由流体中垂直于壁面方向速度分布确定的。当壁面温度等于流体温度时，流动边界层厚度 δ 反映流体分子动量扩散能力，与运动黏度 ν 有关；而热边界层厚度 δ_t 反映流体分子热量扩散的能力，与热扩散率 a 有关。所以，δ_t / δ 应该与 a/ν 有关，即与无量纲物性值普朗特数 Pr 有关。普朗特数 Pr 为：

$$Pr = \frac{\nu}{a} = \frac{\eta c_p}{\lambda} \tag{5-3}$$

图 5-1 所示为流体纵掠平壁时的热边界层与流动边界层的形成。

当 $Pr > 1$ 的流体纵掠平壁时,对于层流边界层,由边界层积分方程分析解可得 δ_t 与 δ 之间的如下关系:

$$\frac{\delta_t}{\delta} = \frac{1}{1.026 \sqrt[3]{Pr}} \approx \frac{1}{\sqrt[3]{Pr}} \tag{5-4}$$

5.2.2　边界层对流传热微分方程组

对流传热是流体的热对流和导热联合作用的热量传递过程。它不仅与流体的热物理性质和受热条件有关,而且与流体的运动状态有关,因此,对流传热问题的微分方程包括描述对流传热系数本质的对流传热微分方程、描述流体流动状态的连续性微分方程和动量微分方程,以及描述流体中温度场的能量微分方程。

下面介绍对流传热微分方程组。假定物体是不可压缩的牛顿性流体(即服从牛顿黏性定律 $\tau = \eta \dfrac{\partial u}{\partial y}$ 的流体),常物性、无内热源。以二维稳态对流传热为例。

5.2.2.1　连续性方程

在边界层中取一如图 5-3 所示的微元体 $dxdy$,垂直于纸面上的长度为单位长度,根据质量守恒定律,对常物性不可压缩流体,单位时间内从微元体左、右和下、上侧面流入和流出的流体质量的总和应为零,即:

$$\rho u dy - \rho\left(u + \frac{\partial u}{\partial x}dx\right)dy + \rho v dx - \rho\left(v + \frac{\partial v}{\partial y}dy\right)dx = 0$$

整理后得边界层连续性微分方程:

$$\frac{\partial u}{\partial x} + \frac{\partial v}{\partial y} = 0 \tag{5-5}$$

5.2.2.2　动量微分方程

与连续性方程一样,在边界层中取一微元体,根据动量定理:作用于微元体表面和内部的所有外力的总和等于微元体中流体动量的增量。图 5-4 所示为微元体的动量平衡。即得到边界层动量微分方程纳维 - 斯托克斯(Navier-Stokes)方程:

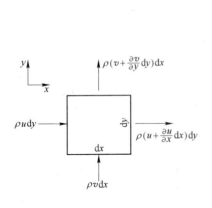

图 5-3　微元体的质量平衡

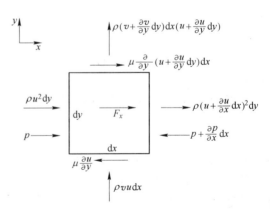

图 5-4　微元体的动量平衡

$$\rho\left(u\,\frac{\partial u}{\partial x}+v\,\frac{\partial u}{\partial y}\right)=F_x-\frac{\partial p}{\partial x}+\eta\,\frac{\partial^2 u}{\partial y^2} \tag{5-6a}$$

式中,左边两项分别表示流体沿 x 方向和 y 方向流过微元体后引起的 x 方向上动量的增量;等式右边分别表示作用在微元体上的体积力、压力差、黏性切应力。流体纵掠平壁时,式 5-6a 变为:

$$\rho\left(u\,\frac{\partial u}{\partial x}+v\,\frac{\partial u}{\partial y}\right)=\eta\,\frac{\partial^2 u}{\partial y^2} \tag{5-6b}$$

同理,可以推导出 y 方向上的动量微分方程。但由于流动边界层很薄,理论上可以证明: y 方向上的动量微分方程的每一项和 x 方向上的动量微分方程的对应项相比要小得多。因此,可以略去。

5.2.2.3　能量微分方程

能量微分方程是描述流动流体的温度与有关的物理量之间的联系,它是根据能量守恒的热力学第一定律导出的。即:稳态时,进入微元体的净对流热流量 $\Delta\Phi_c$ 与净导热热流量 $\Delta\Phi_d$ 之和应为零。图 5-5 所示为微元体的能量平衡。

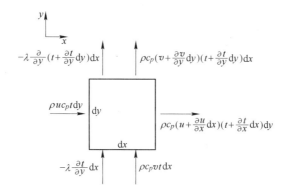

图 5-5　微元体的能量平衡

$$u\,\frac{\partial t}{\partial x}+v\,\frac{\partial t}{\partial y}=a\,\frac{\partial^2 t}{\partial y^2} \tag{5-7}$$

式中, $a=\dfrac{\lambda}{\rho c_p}$,为热扩散率,式 5-7 就是边界层能量微分方程。等号左边两项分别表示微元体沿 x 方向和 y 方向以对流方式获得的净热流量;等号右边表示微元体以导热方式获得的净热流量。式 5-7 还表明,对流传热不仅依靠流体的宏观位移传递热量,而且还依靠分子导热传递热量。

5.2.2.4　对流传热微分方程

由式 5-1 牛顿冷却公式 $\Phi=hA\Delta t$ 或单位面积的热流量,即热流密度:

$$q_x=h_x(t_w-t_f)_x \tag{5-8a}$$

式中　　q_x——x 处的对流传热热流密度,W/m²;

　　　　h_x——x 处的(局部)对流传热系数,W/(m²·K);

　　　　t_f——流体温度,管槽内对流传热时,常取微流道 x 处流动截面上流体的平均温度 t_f,而纵掠平壁等则取流体主流温度 t_∞,℃;

$(t_w-t_f)_x$——x 处的对流传热热温差,℃。

流体沿壁面流动时,贴壁处流体速度为零,只能以导热的方式传递热量。根据傅里叶定律,q_x 又可写成:

$$q_x = \lambda_f \left(\frac{\partial t_x}{\partial y} \right)_{y=0} \tag{5-8b}$$

式中 λ_f——流体的热导率,W/(m·K);

$\left(\dfrac{\partial t_x}{\partial y} \right)_{y=0}$——$x$ 处壁面上的流体的温度变化率,也可写成 $\left(\dfrac{\partial t_x}{\partial y} \right)_w$,℃/m 或 K/m。

由式 5-8a 和式 5-8b 得:

$$h_x = -\frac{\lambda_f}{(t_w - t_f)_x} \left(\frac{\partial t_x}{\partial y} \right)_{y=0} \tag{5-8c}$$

以上方程构成了边界层对流传热微分方程组,即:

$$\frac{\partial u}{\partial x} + \frac{\partial v}{\partial y} = 0 \qquad\qquad (连续性方程)$$

$$\rho \left(u \frac{\partial u}{\partial x} + v \frac{\partial u}{\partial y} \right) = F_x - \frac{\partial p}{\partial x} + \eta \frac{\partial^2 u}{\partial y^2} \qquad (动量方程)$$

$$u \frac{\partial t}{\partial x} + v \frac{\partial t}{\partial y} = a \frac{\partial^2 t}{\partial y^2} \qquad\qquad (能量方程)$$

$$h_x = -\frac{\lambda_f}{(t_w - t_f)_x} \left(\frac{\partial t_x}{\partial y} \right)_{y=0} \qquad (对流传热方程)$$

以上方程是在边界层理论下推导出来的,它不仅适用于层流的对流传热,也适用于湍流的对流传热。但是在不符合流动边界层和热边界层特性的场合是不适用的。由式 5-8c 可知,求局部对流传热系数的关键在于求流体边界层中的温度分布。由式 5-5 ~ 式 5-7 可求出流体边界层中的温度分布,再由式 5-8c 求出局部对流传热系数 h_x,然后可由式 5-9a 求出平均对流传热系数 h:

$$h = \frac{1}{A\Delta t} \int_A h_x \Delta t_x \, dA_x \tag{5-9a}$$

当局部对流传热温差 Δt_x 和对流传热面宽度不变时,式 5-9a 可简化为:

$$h = \frac{1}{l} \int_0^l h_x \, dx \tag{5-9b}$$

5.3 相似原理在对流传热中的应用

5.3.1 相似原理简介

理论分析的方法解决对流传热问题时,只能解决少数一些比较简单的问题,而大多数实际问题还必须借助于实验的方法来确定其实验关联式。由式 5-2 可知,影响对流传热的因素很多,要找出对流传热系数与每个变量之间的函数关系,按常规的方法,分别改变某一变量,其他量不变,以此逐个来确定各变量的影响程度,实验次数相当多,盲目性也大,以至于无法实现。另外,有时无法在实物上做实验,需要建立实验模型,而在实验模型上得到的数据是否能应用到实物上去,或如何应用等,这些问题都可通过相似理论圆满解决。

通过实验确定对流传热系数,是在相似理论指导下,根据描述对流传热现象的微分方程组,把众多的变量合成少数几个无量纲的总和物理量,即相似准则,并推导出它们之间的准则函数式,然后以少数的准则作为变量,通过实验找出准则间的具体函数关系,即实验关联式。这样,实验模型的建立、实验结果的整理都在一定的理论指导下进行,避免了盲目性。同时,实验结果可以推广到与实验相似的对流传热现象中去。

根据相似理论,两个同类物理现象相似,相应的物理量应分别相似。由此可由描述现象的微分方程组(或量纲分析)导出相似现象的一个重要性质,即:彼此相似的现象,它们的同名相似准则比相等。

下面以稳态无相变对流传热现象为例。

两对流传热现象相似,其努塞尔数必相等。即:$Nu' = Nu''$

两流体动力相似,其雷诺数必相等。即:$Re' = Re''$

两热量传递现象相似,其贝克来数必相等。即:$Pe' = Pe''$

贝克来数 Pe 可分解为:$Pe = \dfrac{ul}{a} = \dfrac{\nu}{a} \dfrac{ul}{\nu} = Pr\,Re$

其中,$Pr = \dfrac{\nu}{a}$,称为普朗特数。

对于自然对流,流体运动中由于温度差引起的浮升力不可忽略,此时,两流体动力相似,其格拉晓夫数必相等,即:$Gr' = Gr''$。

相似原理说明,描述物理现象的微分方程和单值条件经过相似理论分析,转化为独立准数(特征数)的函数关系(称特征方程,又称准则方程)。不同类型的传热问题,其准则方程式的形式也不同。下面针对稳态物相变的对流传热现象列出各类常见的准则方程式。

对于强迫对流传热的层流区和湍流区,浮升力不能忽略,准则方程为:

$$Nu = f(Re,Pr,Gr) \tag{5-10a}$$

在湍流区,浮升力的影响可忽略,式 5-10a 中的 Gr 可去掉,即:

$$Nu = f(Re,Pr) \tag{5-10b}$$

对于气体,Pr 变化不大,式 5-10b 可简化为:

$$Nu = f(Re) \tag{5-10c}$$

对于纯自然对流传热,边界层外流体静止,雷诺数消失,于是准则方程为:

$$Nu = f(Gr,Pr) \tag{5-11a}$$

同样,对于气体,式 5-11a 可写成:

$$Nu = f(Gr) \tag{5-11b}$$

由此看来,在做各类实验时,只需测量各准则方程中所包含的量,使对流传热系数中所包含的自变量个数大大减少,实验次数就相应减少了很多。

5. 3. 2　特征数实验关联式的确定和选用

根据相似原理,对对流传热问题进行实验求解,得出对流传热实验关联式。其步骤如下:

(1)充分认识该对流传热现象,提出一些简化的假定条件,建立简化的物理模型。

(2)针对具体的对流传热物理模型写出对流传热微分方程和单值性条件。

（3）将其微分方程组无量纲化（相似分析法或量纲分析法），得到描述该对流传热现象的特征数。

（4）由有关的特征数分析出实验中要测量哪些量，并将它们分为直接测量、间接测量和物性值三类物理量。

（5）拟定测量的物理量的变化范围和测点分布。物理量变化范围越宽，实验点越多，关联式的准确性越高。

（6）根据相似原理和上述要求，设计并制造安装实验系统。

（7）清洗实验系统后，接上所有的仪表和仪器，先做热平衡实验，合乎要求后再正式实验。

（8）按预定顺序进行试验，待稳定后记录每一工况的原始数据。

（9）将原始数据整理成各实验点相关的特征数。

（10）通过最小二乘方法或作图法求出待定特征数与待定特征函数关联式的系数与指数，注明关联式的适用范围。

下面以管内强迫对流传热为例，说明如何确定特征数实验关联式。

管内强迫对流传热特征函数关系式与流体纵掠平壁时形式相同。特征数关系式 5-10b 可写成以下指数形式：

$$Nu = cRe^n \qquad\qquad (5-12a)$$

式中，系数 c 和指数 n 通过实验数据整理确定。

将式 5-12a 两边取对数，得：

$$\lg Nu = \lg c + n\lg Re \qquad\qquad (5-12b)$$

以 $\lg Re$ 为横坐标、$\lg Nu$ 为纵坐标，将实验数据整理成所需的数据，画在图 5-6 所示的坐标中，并用作图法画出实验曲线（一般为直线）。直线的斜率 $\tan\varphi$ 就是式 5-12b 中的系数 n，即式 5-12a 中的指数 n。将落在直线上的实验的点数据（Nu_i 和 Re_i）代入式 5-12a 得：

$$c_i = \frac{Nu_i}{Re_i} \qquad\qquad (5-13)$$

c_i 的平均值就是式 5-12a 中的系数 c。式 5-12b 中的 c 和 n 也可由最小二乘方法求得。

如特征数关系式为式 5-10a，$Nu = f(Re, Pr)$ 如果写成如下指数形式：

$$Nu = cRe^n Pr^m \qquad\qquad (5-14a)$$

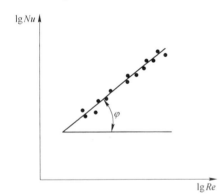

图 5-6   准则关联式 $Nu = cRe^n$ 的图示

那么，以 Pr 为参变量，在图 5-7（a）上可以得到一簇直线，即同一 Pr 的实验点用一条直线表示，这些直线的平均斜率就是式 5-14a 中的指数 n。然后再以 $\lg Pr$ 为横坐标、$\lg(Nu/Re^n)$ 为纵坐标将实验数据整理成所需的数据，画在图 5-7（b）所示的坐标中，由这些实验点所作直线的斜率 $\tan\varphi$ 就是式 5-14a 中的系数 m，将图 5-7（b）落在直线点的数据代入式 5-14a，得：

$$c_i = \frac{Nu_i}{Re_i^n Pr_i^m} \qquad\qquad (5-14b)$$

c_i 的平均值就是式 5-14a 中的系数 c。这样，特征实验关联式 5-14b 也就确定了。还可采用多元回归法来确定 c、m 和 n。

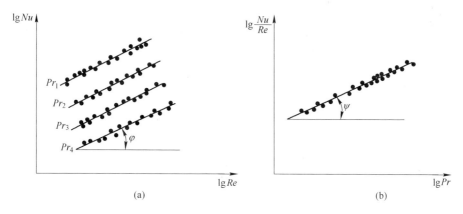

图 5-7　准则关联式 $Nu = cRe^n Pr^m$ 的图示

5.3.3　对流传热特征数关联式的正确选用

通过以上实验方法回归的特征数关联式有很大的局限性，所以如何正确选用其符合该具体问题的特征关联式，则是对流传热问题的关键。以后两节将详细介绍一些比较常用的特征数关联式。下面主要介绍一下应用特征数关联式应注意的几个问题。

（1）根据对流传热的类型和有关参数的范围选择所需的关联式。

（2）按公式规定选取特征温度 t_c。关联式中特征数含有流体的物性参数，查取这些物性参数的温度称为特征温度。一般采用流体的平均温度 t_f、壁面温度 t_w 和传热层的平均温度 $t_m = (t_w + t_f)/2$。

（3）按规定选取特征尺寸 l_c。特征数的几何尺寸称为特征尺寸。它是对对流传热影响最大的几何尺寸，不同场合选用的特征尺寸不同；管内强迫对流时选用管道内径 d_i，纵掠平壁时选用平壁长度（沿流体流动方向上）l，横掠单管和管束时选用管道外径 d_o。非圆管、槽内强迫对流时较复杂，对于湍流，用当量直径 d_e。d_e 由式 5-15 确定：

$$d_e = \frac{4A}{P} \tag{5-15}$$

式中　A——通道的流动截面积，m^2；

　　　P——流体润湿的流道周长，即湿周，m。

（4）按规定选用特征流速 v_c。强迫对流传热特征数关联式中计算雷诺数 Re 所选用的流速称为特征流速。不同场合选用的特征流速不同；纵掠平壁时选用主流流速 v_∞；管内强迫对流时选用管内流体平均温度下的流动截面平均流速 v_f；横掠单管时选用来流速度 v_0（流体与管壁接触前的流速）；横掠管束时选用流体平均温度下的管间最大流速 $v_{f,max}$。

特征温度、特征尺寸和特征流速常称为对流传热的三大特征量。在以后的具体计算中再详细介绍。

（5）正确选用各种修正系数。

（6）平均对流传热系数的确定。

5.4　单相流体对流传热特征数关联式

单相流体对流传热时,流体流动状态不同,传热情况不同;壁面形状及驱使流体流动的动力不同,传热情况也不同。以下主要讨论管内强迫流动、纵掠平壁、横掠单管和管束及大空间自然对流等典型的各类对流传热的特征数关联式。

5.4.1　管内强迫对流传热

管内单相流体的强迫对流传热是工程上普遍的传热现象。冷却水在内燃机气缸冷却夹套和散热器中的对流传热,以及烟气在管式预热器中的对流传热等均属此类传热。

由牛顿冷却公式,管内单相流体强迫对流传热的热流量为:

$$\Phi = hA\Delta t \tag{5-16}$$

式中　Δt——对流传热温差,℃。

对流传热温差是流体温度 t_f 和壁面温度 t_w 之差沿整个传热面的积分平均值。如流体温度写成过余温度的形式,即 $\theta = t_f - t_w$,流体入口和出口处流体与壁面的温差分别为 θ' 和 θ'',则对流传热温差为:

$$\Delta t = \frac{\theta' - \theta''}{\ln\dfrac{\theta'}{\theta''}} \tag{5-17}$$

当壁面为恒热流时,流体温度和壁面温度呈线性变化,传热温差不变(忽略入口段的影响),则:

$$\Delta t = \theta'' = t_f'' - t_w'' \tag{5-18a}$$

或

$$\Delta t = t_w'' - t_f'' \tag{5-18b}$$

式中　t_w''——流体出口处壁温,℃。

一般情况下,管内流体平均温度 t_f 可取:

$$t_f = 0.5(t_f' + t_f'') \tag{5-19}$$

5.4.1.1　湍流($Re > 10^4$)强迫对流传热

管内湍流强迫对流传热的特征数实验关联式在前面已介绍过。考虑到工程实际应用,其具体形式为:

$$Nu_f = 0.023Re_f^{0.8}Pr_f^{0.4}c_t c_l c_R \tag{5-20}$$

式中　c_t——考虑边界层内温度分布对对流传热系数影响的温度修正系数;

　　　c_l——考虑短管管长对对流传热系数影响的端管修正系数;

　　　c_R——考虑管道弯曲对对流传热系数影响的弯管修正系数。

式5-20是工程计算中常用的管内强迫对流平均对流传热系数特征数关联式。使用范围:Re_f 为 $10^4 \sim 1.2 \times 10^5$,$Pr$ 为 $0.7 \sim 120$;特征尺寸圆管内径为 d_i,非圆管内径为 d_e;特征温度为流体平均温度 t_f;特征流速为流体平均温度下流体截面的平均流速 v_f。流体速度可由实验测量。

当流体温度 t_f 和壁温 t_w 相差较大时,温度场影响速度场,从而影响对流传热系数。管内液体被冷却时,从管中心到管壁,液体温度沿径向降低,黏度变大,从而影响速度分布。其他情况也一样。

液体被加热时：

$$c_t = \left(\frac{\eta_f}{\eta_w}\right)^{0.11}$$

液体被冷却时：

$$c_t = \left(\frac{\eta_f}{\eta_w}\right)^{0.23}$$

气体被加热时：

$$c_t = \left(\frac{T_f}{T_w}\right)^{0.55}$$

气体被冷却时：

$$c_t = 1$$

当 $\frac{l}{d} \geqslant 50$ 时，入口端对整个管子平均对流传热系数的影响不大，可以不考虑。当 $\frac{l}{d} \leqslant 50$ 时，必须考虑修正系数 c_l 对入口端对流传热系数 h 的影响。

流体在弯曲管道或螺旋管内流动时，由于离心力的作用，形成二次环流，增强了对流传热。所以应考虑管道弯曲对对流传热系数影响的弯管修正系数 c_l。

对于气体：

$$c_R = 1 + 1.77\frac{d_i}{R}$$

对于液体：

$$c_R = 1 + 10.3\left(\frac{d_i}{R}\right)^3$$

式中 R——管道的弯曲半径，m；

d_i——管子内径，m。

5.4.1.2 层流强迫对流传热

雷诺数 $Re < 2200$ 时，管内流体处于层流流动状态。

对于层流强迫对流传热，平均传热系数可采用赛德尔（Seider）-塔特（Tate）公式：

$$Nu_f = 1.86\left(Re_f Pr_f \frac{d}{l}\right)^{\frac{1}{3}}\left(\frac{\eta_f}{\eta_w}\right)^{0.14} \tag{5-21}$$

式 5-21 使用范围为：$Re_f < 2200$，Pr 为 $0.5 \sim 17000$，$\frac{\eta_f}{\eta_w}$ 为 $0.44 \sim 9.8$，$Re_f Pr_f \frac{d}{l} > 10$。式 5-21 中的 $\left(\frac{\eta_f}{\eta_w}\right)^{0.14}$ 用于考虑非等温流动中温度场对流传热系数 h 的影响，$\left(\frac{d}{l}\right)^{1/3}$ 用于考虑入口效应对 h 的影响。由于 $l \to \infty$，因而 $Nu_f \to 0$，所以式 5-21 适用于 $Re_f Pr_f \frac{d}{l} > 10$ 的情况。如果 $Re_f Pr_f \frac{d}{l} < 10$，则可用豪森计算式计算平均对流传热系数 h：

$$Nu_f = 3.66 + \frac{0.066 Re_f Pr_f \dfrac{d}{l}}{1 + 0.04\left(Re_f Pr_f \dfrac{d}{l}\right)^{2/3}}\left(\frac{\eta_f}{\eta_w}\right)^{0.14} \tag{5-22}$$

5.4.1.3　过渡区($2200 < Re < 10^4$)强迫对流传热

$Re_f > 2200$ 时,由于来流的湍流程度和管道壁面粗糙程度的不同,可能继续为层流,也可能转变为湍流,还可能时而层流时而湍流,只有当 $Re > 10^4$ 后才能肯定为湍流流动。所以当 $2200 < Re < 10^4$ 时流动处于从层流向湍流过渡的区域。

在这个区域内,平均对流传热系数可采用波尔豪森推荐的特征数关联式:

$$Nu_f = 0.116(Re_f^{2/3} - 125)Pr_f^{1/3}\left[1 + \left(\frac{d_e}{l}\right)^{2/3}\right]\left(\frac{\eta_f}{\eta_w}\right)^{0.14} \tag{5-23}$$

式中,η_w 是以壁温 t_w 为特征温度查取的,其余物性值均以 t_f 为特征温度查取;$\left(\dfrac{\eta_f}{\eta_w}\right)^{0.14}$ 用于考虑温度场对对流传热的影响,而 $\left[1 + \left(\dfrac{d_e}{l}\right)^{2/3}\right]$ 用于考虑入口段长度对对流传热的影响。

5.4.2　外掠物体时的强迫对流传热

空气纵掠机翼、风吹过地面或热力管道、锅炉烟气横掠过热器和省煤器管束、空气横掠管时空气预热气管束、各种壳管式换热器壳侧流体横掠管束等的对流传热,都属于流体外掠物体时的强迫对流传热。

5.4.2.1　纵掠平壁

流体纵掠平壁时的层流强迫对流传热是最简单的对流传热,其理论研究比较成熟,实验结果也很准确,且两者符合得很好。根据边界层理论得出的计算局部对流传热系数 h_x 和平均对流传热系数 h 的特征数关联式:

$$Nu_{xm} = \frac{h_x x}{\lambda_m} = 0.332 Re_{xm}^{1/2} Pr_m^{1/3} \tag{5-24}$$

平均对流传热系数 h 为

$$h = \frac{1}{l}\int_0^l h_x \mathrm{d}x = 0.664\frac{\lambda_m}{l}Re_{lm}^{1/2}Pr_m^{1/3} \qquad Re = \frac{ux}{\nu}$$

或

$$Nu_m = \frac{hl}{\lambda_m} = 0.664 Re_m^{1/2} Pr_m^{1/3} \tag{5-25}$$

式中,特征温度取膜平均温度 t_m,$t_m = \dfrac{1}{2}(t_w - t_\infty)$。特征尺寸分别为 x 和板长 l。适用范围为 $0.6 < Pr_m < 50$,$Re_l < 5 \times 10^5$。

另外,对于纵掠平壁,从 $x = 0$ 处就形成湍流边界层的情况(整个平壁上都是湍流边界层),科尔伯恩(Colburn)给出以下公式:

$$Nu_{xm} = \frac{h_x x}{\lambda_m} = 0.0296 Re_{xm}^{4/5} Pr_m^{1/3} \tag{5-26}$$

$$Nu_m = \frac{hl}{\lambda_m} = 0.037 Re_m^{4/5} Pr_m^{1/3} \tag{5-27}$$

式中,特征温度取膜平均温度 t_m,特征尺寸分别为 x 和板长 l。适用范围为 $0.6 < Pr_m < 60$。

工程上,流体纵掠平壁时的湍流边界层往往发生在平壁后部,前部仍为层流边界层,常称复合(混合)边界层。图5-8所示为平壁表面的对流传热系数。此时,整个平壁表面的平均对流传热系数是以 x_c 为界分两部分积分,再求平均值,即:

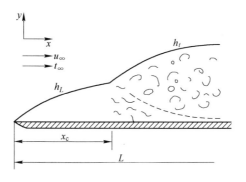

图 5-8　平壁表面的对流传热系数

$$h = \frac{1}{l}\Big[\int_0^{x_c} h_{Lx}\mathrm{d}x + \int_{x_c}^l h_{tx}\mathrm{d}x\Big] \tag{5-28}$$

式中　h_{Lx}——层流边界层局部对流传热系数；

　　　　h_{tx}——湍流边界层局部对流传热系数。

将式 5-25 和式 5-27 代入式 5-28 得：

$$h = \frac{\lambda_m}{l} Pr_m^{1/3}\big(0.664Re_{cm}^{0.5} + 0.037Re_{lm}^{0.8} - 0.037Re_{cm}^{0.8}\big) \tag{5-29a}$$

式中　Re_{cm}——临界雷诺数。

$$Re_{cm} = \frac{v_\infty x_c}{\nu_m}$$

一般情况下取 $Re_{cm} = 5 \times 10^5$，则式 5-29a 简化为：

$$Nu_m = 0.037\big(Re_{lm}^{0.8} - 23500\big)Pr_m^{1/3} \tag{5-29b}$$

式中，特征尺寸为板长 l，特征温度为 t_m。

5.4.2.2　横掠单管（或柱）时的强迫对流

流体沿曲面流动与沿平壁流动不同。流体沿平壁流动时，壁面附近压力沿程不变，即 $\dfrac{\mathrm{d}p}{\mathrm{d}x}$ $=0$。流体沿图 5-9 所示的曲面流动时，前半部压力沿程减小 $\Big(\dfrac{\mathrm{d}p}{\mathrm{d}x}<0\Big)$，后半部压力沿程回升 $\Big(\dfrac{\mathrm{d}p}{\mathrm{d}x}>0\Big)$。这时主流速度也做相应的变化：前半部分主流速度逐渐增加，后半部分主流速度逐渐减小。在沿程压力增加 $\Big(\dfrac{\mathrm{d}p}{\mathrm{d}x}>0\Big)$ 的区域内，流体不能在压力的推动下向前运动，只能依靠本身动能克服压力的增长而向前运动。但靠近壁面处流体流速较小，动能小，不足以克服压力的增长从而继续向前运动。当壁面某一点的速度变化率等于零时，其后壁面附近的流体产生脱离现象。$\Big(\dfrac{\partial v}{\partial y}\Big)_w =0$ 的点称为分离点。分离点后 $\Big(\dfrac{\partial v}{\partial y}\Big)_w <0$，流体产生涡旋。分离点的位置与 Re 有关。对于圆管，$Re < 1.4 \times 10^5$ 时边界层为层流，分离点在 φ 为 $80° \sim 85°$ 处，$Re \geq 1.4 \times 10^5$ 时边界层先变成湍流边界层，然后边界层分离。由于湍流边界层纵流流体动能大于层流，所以湍流时分离点推后到 φ 约为 $140°$。Re 很小（例如 $Re < 10$）时不会出现分离现象。

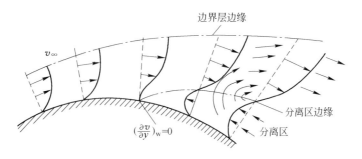

图 5-9　流体沿曲面流动时边界层的发展和分离

热力管道散热(有风时)计算所需要的是沿圆管周向的平均对流传热系数 h。以平均对流传热系数 h 计算的横掠单管时的对流传热特征数关联式为：

$$Nu_\mathrm{m} = \frac{hd_\mathrm{o}}{\lambda_\mathrm{m}} = cRe_\mathrm{m}^n Pr_\mathrm{m}^{1/3} = c\left(\frac{v_\mathrm{o}d_\mathrm{o}}{\nu_\mathrm{m}}\right)^n Pr_\mathrm{m}^{1/3} \tag{5-30}$$

5.4.3　自然对流时的换热

流体各部分因冷热不均和密度不同所引起的流动称为自然对流。设一个固体表面与周围流体有温度差,这时假定物体的温度高,流体受热密度变小而上升。同时冷气流则流过来补充,这样就在固体表面与流体之间产生了自然对流换热。

炉子外表面与大气就存在着自然对流换热,如图 5-10 所示。显而易见,炉顶附近的对流循环比较容易,侧墙次之,而架空炉底下面的循环较难,对流换热的能力也最差。所以,固体表面的位置是影响自然对流的因素之一。当换热面向上时,计算所得的传热系数 h 比垂直表面约增加 30%;若换热面向下,则 h 要减少约 30%。

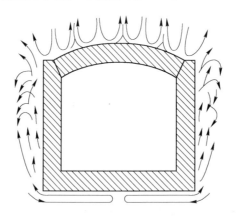

图 5-10　炉子外表面空气自然对流换热示意图

自然对流换热的准数方程式具有下列的形式：

$$Nu_\mathrm{m} = C(Gr \cdot Pr)_\mathrm{m}^n \tag{5-31}$$

式中的 Gr 是一个流体自然流动过程特有的相似准数,它是浮升力与黏性力间的比值,称为格拉晓夫数。

$$Gr = \frac{g\beta l^3 \Delta t}{\nu^2} \tag{5-32}$$

式中 β——流体的体积膨胀系数；

Δt——壁面与流体间的温度差。

式 5-31 中的 C 和 n 值按表 5-1 选用。这个式子适用于 $Pr > 0.7$ 的各种流体,定性温度取边界层的平均温度,即 $t_m = \frac{1}{2}(t_f + t_w)$。

表 5-1 式 5-31 中的 C 和 n 的值

换热面形状和位置		$Gr_m \cdot Pr_m$	C	n	定 形 尺 寸
竖平板及竖圆柱(管)		$10^4 \sim 10^9$(层流)	0.59	1/4	高 L
		$10^9 \sim 10^{12}$(湍流)	0.12	1/3	高 L
横圆柱(管)		$10^4 \sim 10^9$(层流)	0.53	1/4	直径 D
		$10^9 \sim 10^{12}$(湍流)	0.13	1/3	直径 D
横平板	热面向上	$10^5 \sim 2 \times 10^7$(层流)	0.54	1/4	短边 L
		$2 \times 10^7 \sim 3 \times 10^{10}$(湍流)	0.14	1/3	短边 L
	热面向下	$3 \times 10^5 \sim 3 \times 10^{10}$(层流)	0.27	1/4	短边 L

除了上述的准数方程式外,还有另一类公式,它适用于范围更有限的经验式。例如设备表面和大气间的自然对流换热。传热系数($W/(m^2 \cdot \text{℃})$)可用下列公式计算:

垂直放置时 $\qquad\qquad\qquad h = 2.56\sqrt{\Delta t}$

水平面向上时 $\qquad\qquad h = 3.26\sqrt{\Delta t}$

水平面向下时 $\qquad\qquad h = 1.98\sqrt{\Delta t}$

6　辐　射　传　热

6.1　热辐射的基本概念

6.1.1　热辐射的本质

辐射与传导或对流有着完全不同的本质。传导与对流传递热量要依靠传导物体或流体本身,而辐射是电磁能的传递,能量的传递不需要任何中间介质的接触,在真空中也能进行。

物体中带电微粒的能级如发生变化,都会向外发射辐射能。辐射能的载运体是电磁波,电磁波根据其波长不同,有宇宙射线、γ 射线、X 射线、紫外线、可见光、红外线和无线电波等。物体把本身的内能转化为对外发射辐射能及其传播的过程称为热辐射。热辐射效应最显著的射线主要是红外线波($0.76 \sim 20$ μm),其次是可见光波($0.38 \sim 0.76$ μm)。在工业炉所涉及的温度范围内,热辐射主要位于红外线波的区段,也称为热射线。

辐射是一切物体固有的特性,只要物体温度在绝对零度以上,都会向外辐射能量,不仅是高温物体把热量辐射给低温物体,而且低温物体也向高温物体辐射能量。所以辐射换热就是物体之间相互辐射和吸收过程的结果,只要参与辐射的各物体温度不同,辐射换热的差值就不会等于零。最终低温物体得到的热量就是热交换的差额。因此,辐射即使在两个物体温度达到平衡后仍在进行,只不过换热量等于零,温度没有变化而已。

6.1.2　物体对热辐射的吸收、反射和透过

热射线和可见光线的本质相同,所以可见光线的传播、反射和折射等规律也同样适用于热射线。

如图 6-1 所示,当辐射能 Q 投射到物体上以后,一部分能量 Q_A 被物体吸收,一部分能量 Q_R 被反射,另一部分能量 Q_D 透过该物体。于是按能量平衡关系可得:

$$Q = Q_A + Q_R + Q_D$$

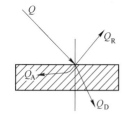

或

$$\frac{Q_A}{Q} + \frac{Q_R}{Q} + \frac{Q_D}{Q} = 1 \qquad (6\text{-}1a)$$

式中,$\dfrac{Q_A}{Q}$、$\dfrac{Q_R}{Q}$、$\dfrac{Q_D}{Q}$ 分别为该物体的吸收率、反射率和透过率,并依次用符号 A、R、D 表示,由此可得:

图 6-1　热辐射的吸收、
反射和透过

$$A + R + D = 1 \qquad (6\text{-}1b)$$

绝大多数工程材料都是不透过热射线的,即 $D = 0$,$A + R = 1$。

当 $R = 0$,$D = 0$,$A = 1$,即落在物体上的全部辐射热能都被该物体所吸收,这种物体称为绝对黑体,简称黑体。

当 $A = 0$,$D = 0$,$R = 1$,即落在物体上的全部辐射热能完全被该物体反射出去,这种物体

称为绝对白体,简称白体。如果对辐射热能的反射角等于入射角,形成镜面反射,这样的物体称为镜体。白体和白色概念是不同的,白色物体是指对可见光线有很好的反射性能的物体,而白体是指对辐射线有很好的反射能力的物体。例如石膏是白色的,但它并不是白体。因为它能吸收落在它上面的热辐射的90%以上,更接近于黑体。

当 $A=0,R=0,D=1$,即投射到物体上的辐射热全部能透过该物体,这种物体称为绝对透明体或透热体。透明体也是对热射线而言的。例如玻璃对可见光来说是透明体,但对热辐射却几乎是不透明体。在加热炉或轧钢机前的操纵台上装有玻璃窗,它可以透过可见光,以便于操作,但它会挡住长波热射线的辐射。

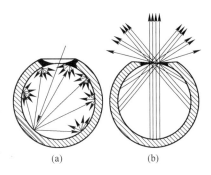

图 6-2 绝对黑体的模型
(a) 吸收;(b) 辐射

自然界所有物体的吸收率、反射率和透过率的数值都在 0~1 的范围内变化,绝对黑体并不存在。但绝对黑体这个概念无论在理论上还是实验研究工作上都是十分重要的。用人工方法可以制成近乎绝对黑体的模型。如图 6-2 所示,在空心物体的壁上开一个小孔,假使各部分温度均匀,此小孔就具有绝对黑体的性质。若小孔面积小于空心物体内壁面积的 0.6%,所有进入小孔的辐射热在多次反射以后,99.6% 以上都将被内壁吸收。

6.2 热辐射的基本定律

6.2.1 普朗克定律

单位时间内物体单位表面积所辐射出去的(向半球空间所有方向)总能量,称为辐射能力,单位为 W/m²。辐射能力包括发射出去的波长从 $\lambda=0$ 到 $\lambda=\infty$ 的一切波长的射线。假若令 ΔE 代表在 λ 到 $\lambda+\Delta\lambda$ 的波长间隔内物体的辐射能力,则:

$$E_\lambda = \lim_{\Delta\lambda\to 0}\frac{\Delta E}{\Delta\lambda} = \frac{\mathrm{d}E}{\mathrm{d}\lambda} \tag{6-2}$$

式中 E_λ——单色辐射力,W/m³ 或 W/(m² · μm)。

显然,辐射能力与单色辐射力之间存在下列关系:

$$E_\lambda = \int_0^\infty E_\lambda \mathrm{d}\lambda \tag{6-3}$$

普朗克根据量子理论,导出了黑体的单色辐射力 $E_{0\lambda}$(下角标 0 表示是黑体)(单位为 W/m³)和波长及绝对温度之间的关系,即普朗克定律:

$$E_{0\lambda} = \frac{c_1 \lambda^{-5}}{\mathrm{e}^{c_2/(\lambda T)} - 1} \tag{6-4}$$

式中 λ——波长,m;

T——黑体的绝对温度,K;

e——自然对数的底;

c_1——常数,等于 3.743×10^{-16} W · m²;

c_2——常数,等于 1.4387×10^{-2} m · K。

　　图 6-3 所示为普朗克定律所揭示的关系。由图可见,当 $\lambda = 0$ 时,$E_{0\lambda}$ 等于零,随着波长的增加,单色辐射力也增大,当波长达到某一值时,$E_{0\lambda}$ 有一峰值,以后又逐渐减小。温度越高,$E_{0\lambda}$-λ 曲线的峰值越向左移。同时由图也可看出,在工业炉的温度范围内,辐射力较强的多是在 λ 等于 $0.8 \sim 10\ \mu m$ 的区域,这正是红外线的波长范围,而波长较短的可见光占的比例很小,炉内钢坯温度低于 $500\,^\circ\!C$ 时,由于实际上没有可见光的辐射,因而看不见颜色的变化。但温度逐渐升高后,钢锭颜色开始由暗红转向黄白色,直至白热,这说明随温度的升高,钢坯辐射的可见光不断增加。在太阳的温度下(5800 K),单色辐射力的最大值才在可见光的范围内。

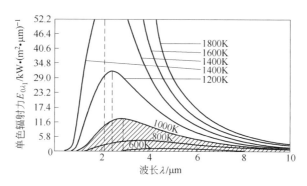

图 6-3　单色辐射力与波长、温度的关系

6.2.2　斯忒藩 - 玻耳兹曼定律

　　根据式 6-3 可写出黑体的辐射能力(W/m^2)为:

$$E_0 = \int_0^\infty E_\lambda \mathrm{d}\lambda = \int_0^\infty \frac{c_1 \lambda^{-5}}{\mathrm{e}^{c_2/(\lambda T)} - 1} \mathrm{d}\lambda = \sigma_0 T^4 \qquad (6-5)$$

　　式 6-5 就是斯忒藩 - 玻耳兹曼定律。σ_0 为绝对黑体的辐射常数,其值为 $5.67 \times 10^{-8}\ W/(m^2 \cdot K^4)$。式 6-5 说明黑体的辐射能力与其绝对温度的四次方成正比,所以这个定律也叫四次方定律。在技术计算里,定律写成下列更便于计算的形式:

$$E_0 = C_0 \left(\frac{T}{100}\right)^4 \qquad (6-6)$$

式中　C_0——绝对黑体的辐射系数,值为 $5.67\ W/(m^2 \cdot K^4)$。

　　由于辐射能力与其绝对温度四次方成正比,在温度升高的过程中,辐射能力的增长是非常迅速的。炉子的温度愈高,辐射传热方式在整个热交换中占的比例愈大。

　　普朗克定律是说明黑体单色辐射力分布规律的。但一切实际物体在任何波长的辐射力都小于黑体在该波长的辐射力。如果某物体的辐射光谱也是连续的,在任何温度下任何波长的单色辐射力 E_λ 与黑体在同一波长的单色辐射力 $E_{0\lambda}$ 之比都是同一数值,等于 ε,这种物体称为灰体,ε 称为该物体的黑度。

$$\varepsilon = \frac{E_\lambda}{E_{0\lambda}} = \frac{E}{E_0} \quad \text{或} \quad E = \varepsilon E_0 \qquad (6-7)$$

　　灰体的黑度在温度变化不大时,近似地认为不随温度而变,因此四次方定律对灰体也是适用的,即:

$$E = \varepsilon E_0 = \varepsilon C_0 \left(\frac{T}{100}\right)^4 = C\left(\frac{T}{100}\right)^4 \tag{6-8}$$

式中 C——灰体的辐射系数。

严格说来,实际物体的辐射与灰体还是有差别的,因为实际物体的黑度随波长不同是变化的,如金属的单色黑度随波长的增加而下降,而绝缘体的单色黑度随波长的增加而增加,并且这一变化是极不规则的,如图6-4所示。这就给计算和应用带来很大困难。为了应用上的方便,计算上所取的黑度 ε 值是一个所有波长和所有方向上的平均值。

灰体的概念虽是一个理想的概念,但它有利于问题的分析讨论,在工程计算上都习惯于把实际物体当作灰体看待。认为其辐射能力仍与绝对温度四次方成正比,而误差可用黑度的数值来修正。

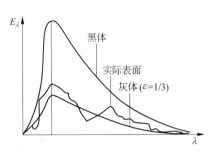

图6-4 黑体、灰体、实际物体的比较

物体的黑度取决于物体的材质、温度和它的表面状态(如粗糙程度、氧化程度),黑度的数据都是用实验方法测定的。

6.2.3 兰贝特定律

四次方定律所确定的辐射能力是单位表面向半球空间辐射的总能量。但有多少能量可以落到另一个表面上去,就要考察一下辐射按空间方向分布的规律。

如图6-5所示,微元面积 dA_1 向微元面积 dA_2 辐射的能量,等于沿 dA_1 法线方向所发射的能量 $dQ_n(W)$ 乘以 dA_2 所对应的立体角 $d\omega$,再乘以 dA_2 方向与法线方向夹角 φ 的余弦,即:

$$dQ_{1-2} = dQ_n d\omega \cos\varphi$$

由于 $$dQ_n = E_n dA_1$$

因此

$$dQ_{1-2} = E_n d\omega \cos\varphi dA_1 \tag{6-9}$$

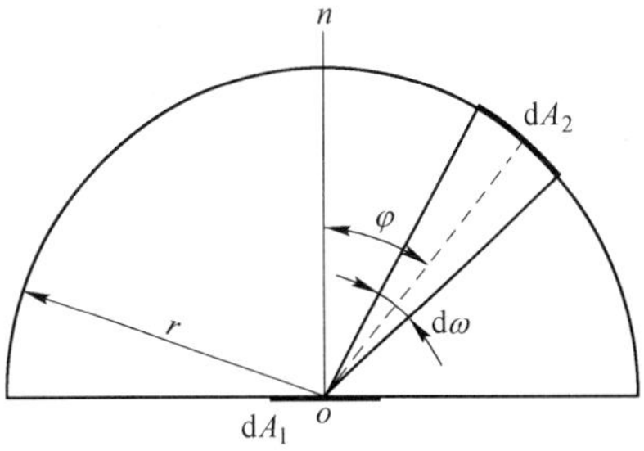

图6-5 辐射强度的定义

式中 E_n——法线方向的辐射能力,W/m^2。

式6-9称为兰贝特定律,又称余弦定律。它表明黑体单位面积发出的辐射能落到空间不同方向单位立体角中的能量,正比于该方向与法线间夹角的余弦。所谓立体角的定义是 $d\omega = \dfrac{dA_2}{r^2}$,符合兰贝特定律的物体,经过推演可以得到法线方向辐射能力为总辐射能力(即半球辐射能力)的 $\dfrac{1}{\pi}$,即:

$$E_n = \frac{E}{\pi} \tag{6-10}$$

将式6-10代入式6-9,得:

$$dQ_{1-2} = \frac{E\cos\varphi dA_1 dA_2}{\pi r^2} \tag{6-11}$$

应当指出,兰贝特定律只是对于黑体和灰体是完全正确的,物体的实际表面只是近似地服从该定律,其黑度随辐射方向而变。对于非导电材料,该定律在 φ 为 $0° \sim 60°$ 范围内才是正确的,当角度 $\varphi > 60°$ 以后就有偏差。对于磨光的金属表面,只是在 $\varphi < 45°$ 时才符合兰贝特定律。

6.2.4　克希荷夫定律

这一定律确定了物体黑度与吸收率之间的关系,它可以从两表面向辐射换热的关系导出。设有两个互相平行相距很近的平面(见图6-6),每一个平面所射出的辐射能全部可以到另一平面上。表面1是绝对黑体,表面2是灰体。两个表面的温度、辐射能力及吸收率分别为 T_0、E_0、$A_0(=1)$ 和 T、E、A。表面1辐射的能量 E_0 落在表面2上被吸收 AE_0,其余 $(1-A)E_0$ 反射回去,被表面1吸收;表面2辐射的能量 E 落在表面1上被全部吸收。表面2热量的收支差额为:

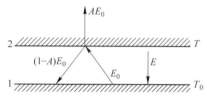

图6-6　平行平板间的辐射传热

$$q = E - AE_0$$

当体系处于热平衡状态时,$T = T_0$,$q = 0$,则:

$$E = AE_0 \quad 或 \quad \frac{E}{A} = E_0$$

把这种关系推广到任意物体,可以得到:

$$\frac{E_1}{A_1} = \frac{E_2}{A_2} = \cdots = \frac{E}{A} = E_0 \tag{6-12}$$

式6-12说明了任何物体的辐射能力和吸收率的比值恒等于同温度下黑体的辐射能力,与物体的表面性质无关,仅是温度的函数,这就是克希荷夫定律。

由式6-7已知 $E = \varepsilon E_0$,将这一关系代入式6-12,得:

$$\varepsilon E_0 = AE_0$$
$$\varepsilon = A \tag{6-13}$$

因为表面2是一个任意表面,所以得出这样的结论:任何物体的黑度等于它对黑体辐射的吸收率。也就是说,物体的辐射能力愈大,它的吸收率就愈大;反之亦然。

应当指出,克希荷夫定律是在两表面处于热平衡并且投入辐射来自黑体时导出的,所以确切地说,只有在热平衡($T = T_0$)条件下定律才是正确的。但是灰体的单色吸收率与波长无关,不论投入辐射的情况如何,灰体的吸收率只取决于自身的情况而与外界情况无关;其次,四次方定律对灰体也是适用的,黑度只与本身情况有关,且不随温度和波长而变,不涉及外界条件。因此,不论投入辐射是否来自黑体,也不论是否处于热平衡状态,灰体的黑度与吸收率数值上都是相等的。对于实际物体,情况更为复杂,例如实际物体的吸收率要根据投射与吸收物体两者的性质和温度来确定,这是很困难的。但一般情况下,都把工程材料在热辐射范围内近似地看作灰体,克希荷夫定律也能近似地适用。

6.3　物体表面间的辐射换热

6.3.1　两平面组成的封闭体系的辐射换热

设有温度分别为 T_1 和 T_2 的两个互相平行的黑体表面,组成了一个热量不向外散失的封闭体系,如图6-7所示。设 $T_1 > T_2$,表面1投射的热量 E_1 全部落到表面2上并被完全吸收;表面2投射的热量 E_2 也全部落到表面1上并被完全吸收。结果表面2所得的热量(W/m²)是热交换能量的差额,即:

$$q = E_1 - E_2 = C_0\left(\frac{T_1}{100}\right)^4 - C_0\left(\frac{T_2}{100}\right)^4 = C_0\left[\left(\frac{T_1}{100}\right)^4 - \left(\frac{T_2}{100}\right)^4\right] \quad (6-14)$$

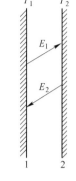

图6-7 黑体表面间的辐射传热

如果两个平面不是黑体而是灰体,情况就要复杂得多。设两表面的吸收率分别为 A_1 和 A_2,透过率 $D_1 = D_2 = 0$。

表面1辐射的热量	E_1
表面2吸收的部分	$E_1 A_2$
表面2反射回去的	$E_1(1 - A_2)$
表面1吸收反射回去的	$E_1(1 - A_2)A_1$
表面1又反射回去	$E_1(1 - A_2)(1 - A_1)$
表面2又吸收	$E_1(1 - A_2)(1 - A_1)A_2$

……

同理,表面2辐射的热量 E_2
表面1吸收的部分 $E_2 A_1$
表面1反射回去的 $E_2(1 - A_1)$
表面2吸收反射回去的 $E_2(1 - A_1)A_2$
表面2又反射回去 $E_2(1 - A_1)(1 - A_2)$
表面1又吸收 $E_2(1 - A_1)(1 - A_2)A_1$

……

如此反复吸收和反射,最后被完全吸收。

令 $(1 - A_1)(1 - A_2) = p$,则表面1辐射又回到表面1被它吸收的热量为:

$$E_1(1 + p + p^2 + \cdots)(1 - A_2)A_1$$

因为 $p < 1$,所以无穷级数 $(1 + p + p^2 + \cdots)$ 的和等于 $\frac{1}{1 - p}$,则表面1辐射又回到表面1被它吸收的热量为:

$$\frac{E_1(1 - A_2)A_1}{1 - p}$$

表面1吸收来自表面2辐射的热量为:

$$E_2(1 + p + p^2 + \cdots)A_1 = \frac{E_2 A_1}{1 - p} \quad (a)$$

因此表面1传给表面2的热量应等于表面1热量收支的差额,即:

$$q = E_1 - \frac{E_1(1 - A_2)A_1}{1 - p}(1 - A_2)A_1 - \frac{E_2 A_1}{1 - p} \quad (b)$$

由于

$$1 - p = 1 - (1 - A_1)(1 - A_2)1 - 1 + A_1 + A_2 - A_1 A_2 = A_1 + A_2 - A_1 A_2 \quad (c)$$

将式(c)代入式(b),得:

$$q = \frac{E_1 A_2 - E_2 A_1}{A_1 + A_2 - A_1 A_2}$$

因为：

$$E_1 = C_1\left(\frac{T_1}{100}\right)^4, \quad E_2 = C_2\left(\frac{T_2}{100}\right)^4 \tag{d}$$

代入式(c)可得：

$$q = \frac{\left(\dfrac{T_1}{100}\right)^4 - \left(\dfrac{T_2}{100}\right)^4}{\dfrac{1}{C_1} + \dfrac{1}{C_2} - \dfrac{1}{C_0}} = C\left[\left(\frac{T_1}{100}\right)^4 - \left(\frac{T_2}{100}\right)^4\right] \tag{6-15}$$

式中，C 为导来辐射系数，$\mathrm{W}/(\mathrm{m}^2 \cdot \mathrm{K}^4)$。

由于 $C_1 = \varepsilon C_0$，$C_2 = \varepsilon_2 C_0$，因此：

$$C = \frac{5.67}{\dfrac{1}{\varepsilon_1} + \dfrac{1}{\varepsilon_2} - 1} \tag{6-16}$$

上面是两个平行表面之间辐射换热的情况，如果是任意放置的两个表面，表面 1 辐射的能量不能全部落到表面 2 上，问题就更复杂一些。这种情况需要引入一个新的概念——角度系数。

6.3.2　角度系数

图 6-8 中所示的辐射换热系统是两个任意放置的黑体表面，面积及温度各为 A_1、T_1 和 A_2、T_2。

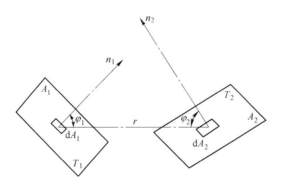

图 6-8　任意两黑体表面间的辐射传热

取中心距离为 r 的两个微元面积 $\mathrm{d}A_1$ 和 $\mathrm{d}A_2$，连线 r 与它们的法线的夹角各为 φ_1 和 φ_2。如表面之间的介质对热辐射是透明的，根据余弦定律可以求得两个微元面积间的热交换为：

$$\mathrm{d}Q_{1-2} = E_1\cos\varphi_1\cos\varphi_2\frac{\mathrm{d}A_1\mathrm{d}A_2}{\pi r^2}$$

$$\mathrm{d}Q_{2-1} = E_2\cos\varphi_1\cos\varphi_2\frac{\mathrm{d}A_1\mathrm{d}A_2}{\pi r^2} \tag{6-17a}$$

由于两个表面辐射出去的热量不能全部落在另一个表面上，把一个面辐射出去的总能量落在另一个面上的份数称为第一个面对第二个面的角度系数，如：

$$\varphi_{12} = \frac{Q_{1-2}}{E_1 A_1} \quad 或 \quad Q_{1-2} = E_1 A_1 \varphi_{12}$$

(6-17b)

$$\varphi_{21} = \frac{Q_{2-1}}{E_2 A_2} \quad 或 \quad Q_{2-1} = E_2 A_2 \varphi_{21}$$

将式 6-17a 对面积 A_1 和 A_2 进行积分,得:

$$Q_{1-2} = E_1 \iint\limits_{A_1 A_2} \frac{\cos\varphi_1 \cos\varphi_1 \mathrm{d}A_1 \mathrm{d}A_2}{\pi r^2}$$

(6-17c)

$$Q_{2-1} = E_2 \iint\limits_{A_1 A_2} \frac{\cos\varphi_1 \cos\varphi_1 \mathrm{d}A_1 \mathrm{d}A_2}{\pi r^2}$$

将式 6-17c 与式 6-17b 比较,可得:

$$\varphi_{12} = \frac{1}{A_1} \iint\limits_{A_1 A_2} \frac{\cos\varphi_1 \cos\varphi_1 \mathrm{d}A_1 \mathrm{d}A_2}{\pi r^2}$$

(6-17d)

$$\varphi_{21} = \frac{1}{A_2} \iint\limits_{A_1 A_2} \frac{\cos\varphi_1 \cos\varphi_1 \mathrm{d}A_1 \mathrm{d}A_2}{\pi r^2}$$

式 6-17d 就是角度系数的定义式,这个式子积分可以求出某些几何形状物体的两个辐射面之间的角度系数。但在一般炉子计算中,只运用一些简单的封闭体系的角度系数,不必去做复杂的运算,而是利用角度系数的下列三个特性决定某些角度系数。

(1) 角度系数的互换性。由式 6-17d 可以得出:

$$A_1 \varphi_{12} = A_2 \varphi_{21}$$

(6-18)

这个关系也称互变原理。这个式子包含的只有几何参数,所以它可以适用于任何黑度和温度的物体。

(2) 角度系数的完整性。对于有几个平面或凸面所组成的封闭体系,从其中任何一个表面发射的辐射能必然全部落到其他表面上,因此表面 1 对其余各表面的角度系数的总和等于 1,即:

$$\varphi_{12} + \varphi_{13} + \cdots + \varphi_{1n} = 1$$

(6-19)

这一关系就称为角度系数的完整性。

(3) 根据辐射线直线传播的原则,平面或凸面辐射的能量不能落在自身上,即不能"自见"。

假定有一个由三个凸面组成的封闭体系,如图 6-9 所示,其垂直于纸面的方向很长,从两端射出的辐射能可以忽略不计。根据角度系数互换性公式 6-18 和完整性公式 6-19,得:

$$A_1 \varphi_{12} = A_2 \varphi_{21}$$
$$A_1 \varphi_{13} = A_3 \varphi_{31}$$
$$A_2 \varphi_{23} = A_3 \varphi_{32}$$

可以写出:

$$\varphi_{12} + \varphi_{13} = 1$$
$$\varphi_{21} + \varphi_{23} = 1$$
$$\varphi_{31} + \varphi_{32} = 1$$

这是一个六元一次联立方程组,可以分别解出六

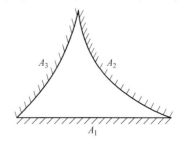

图 6-9 三个凸形表面组成的
封闭辐射系统

个未知的角度系数,例如:

$$\varphi_{12} = \frac{A_1 + A_2 - A_3}{2A_1}$$

6.3.3 两个任意表面组成的封闭体系的辐射换热

任意放置的两表面间的辐射换热的分析利用有效辐射的概念要简单得多。所谓有效辐射,是指表面本身的辐射和投射到该表面被反射的能量的总和,即:

表面 1 的有效辐射 = 表面 1 的辐射 + 对表面 2 有效辐射的反射

一个表面得到的净热可以根据热平衡得出,即投射到该面的热量减去该面有效辐射所得的差额。例如:从表面 2 之外观察,表面 2 得到的净热为:

$$Q_2 = Q_{效1}\varphi_{12} - Q_{效2}\varphi_{21} \tag{6-20a}$$

同时,从表面 2 之"内"观察可以得出:

$$Q_2 = (Q_{效1}\varphi_{12} + Q_{效2}\varphi_{22})\varepsilon_2 - E_2 A_2 \tag{6-20b}$$

这个式子的右侧第一项是表面 2 吸收的热量,第二项是释放的热量。式 6-20a 与式 6-20b 是一致的,把两式合并,可得:

$$Q_{效2} = Q_2\left(\frac{1}{\varepsilon_2} - 1\right) + \frac{E_2}{\varepsilon_2}A_2 \tag{6-20c}$$

同理:

$$Q_{效1} = Q_1\left(\frac{1}{\varepsilon_1} - 1\right) + \frac{E_1}{\varepsilon_1}A_1 \tag{6-20d}$$

表面 1 得到的热量应等于表面 2 失去的热量,即:

$$Q_1 = -Q_2 \tag{6-20e}$$

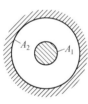

图 6-10 一表面被另一表面
包围时辐射传热

将以上诸式联立,经过整理,就可以得到任意放置的两表面组成的封闭体系的辐射换热量(W)计算公式(设 $T_1 > T_2$):

$$Q_2 = \frac{5.67}{\left(\frac{1}{\varepsilon_1} - 1\right)\varphi_{12} + 1 + \left(\frac{1}{\varepsilon_2} - 1\right)\varphi_{21}}\left[\left(\frac{T_1}{100}\right)^4 - \left(\frac{T_2}{100}\right)^4\right]A_1\varphi_{12} \tag{6-20f}$$

对于像图 6-10 这样简单的情况,这时 $\varphi_{12} = 1$,即表面 1 辐射的能量全部可以落在表面 2 上,式 6-20f 便简化为:

$$Q_2 = \frac{5.67}{\frac{1}{\varepsilon_1} + \frac{A_1}{A_2}\left(\frac{1}{\varepsilon_2} - 1\right)}\left[\left(\frac{T_1}{100}\right)^4 - \left(\frac{T_2}{100}\right)^4\right]A_1 \tag{6-21}$$

因为 $\varphi_{12} = 1$,根据互变原理 $\varphi_{21} = \dfrac{A_1}{A_2}$。

6.3.4 有隔热板时的辐射换热

工程上常常需要减少两表面间的辐射换热强度,这时可在两表面间设置隔热板,并不改变整个系统的热量,只是增加两表面间的热阻。

如图 6-11 所示,原来两平板的温度分别为 T_1 和 T_2,且 $T_1 > T_2$,未装隔热板时,两平板间的辐射换热量由式 6-21 得:

$$Q_{12} = \frac{5.67}{\frac{1}{\varepsilon_1} + \frac{1}{\varepsilon_2} - 1}\left[\left(\frac{T_1}{100}\right)^4 - \left(\frac{T_2}{100}\right)^4\right]A$$

如在两平板之间安置一块黑度为 ε_3 的隔热板,在达到热平衡时,必定有 $Q'_{12} = Q_{13} = Q_{32}$。即:

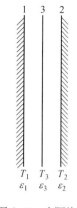

$$Q'_{12} = \frac{5.67}{\frac{1}{\varepsilon_1} + \frac{1}{\varepsilon_2} - 1}\left[\left(\frac{T_1}{100}\right)^4 - \left(\frac{T_3}{100}\right)^4\right]A = \frac{5.67}{\frac{1}{\varepsilon_1} + \frac{1}{\varepsilon_2} - 1}\left[\left(\frac{T_3}{100}\right)^4 - \left(\frac{T_2}{100}\right)^4\right]A$$

整理可得:

$$Q'_{12} = \frac{5.67}{\frac{1}{\varepsilon_1} + \frac{1}{\varepsilon_2} + \frac{2}{\varepsilon_3} - 1}\left[\left(\frac{T_1}{100}\right)^4 - \left(\frac{T_2}{100}\right)^4\right]A$$

如 $\varepsilon_1 = \varepsilon_2 = \varepsilon_3$,则:

$$Q'_{12} = \frac{1}{2}\left(\frac{5.67}{\frac{1}{\varepsilon_1} + \frac{1}{\varepsilon_2} - 1}\right)\left[\left(\frac{T_1}{100}\right)^4 - \left(\frac{T_2}{100}\right)^4\right]A \qquad (6-22)$$

图 6-11　有隔热板时的两平板间的辐射传热

比较式 6-15 和式 6-22 可见,当设置一块隔热板以后,可使原来两平面间的辐射换热量减少一半。如果设置 n 块隔热板,辐射热流将减为原来的 $1/(n+1)$。显然,如以反射率高的材料(黑度较小)作为隔热板,则能显著地提高隔热效果。

6.4　气体辐射

6.4.1　气体辐射的特点

气体辐射与固体辐射有显著的区别,气体辐射具有以下特点:

(1)固体的辐射光谱是连续的,能够辐射波长从 0 到 ∞ 几乎所有波长的电磁波。气体则只辐射和吸收某些波长范围内的射线,其他波段的射线既不吸收也不辐射,所以说气体的辐射和吸收是有选择性的。不同气体的辐射能力和吸收能力的差别很大。单原子气体、对称双原子气体(如氧、氮、氢及空气)的辐射能力和吸收能力都微不足道,可认为是热辐射的透明体。三原子气体(如 CO_2、H_2O、SO_2 等)、多原子气体和不对称双原子气体(如 CO)则有较强的辐射能力。燃烧产物的辐射主要是其中 CO_2 和 H_2O 的辐射。

CO_2 和 H_2O 的辐射和吸收光谱比较复杂,各有三个辐射和吸收波段,见表 6-1。

表 6-1　CO_2 和 H_2O 的主要辐射波段

波　段	CO_2			H_2O		
	$\lambda_1/\mu m$	$\lambda_2/\mu m$	$\Delta\lambda/\mu m$	$\lambda_1/\mu m$	$\lambda_2/\mu m$	$\Delta\lambda/\mu m$
1	2.64	2.84	0.2	2.55	2.84	0.29
2	4.13	4.49	0.36	5.6	7.6	2.0
3	13.0	17.0	4.0	12.0	25.0	13.0

（2）固体的辐射和吸收都是在表面上进行的，而气体的辐射和吸收是在整个容积内进行的。当射线穿过气层时，是边透过边吸收的，能量因被吸收而逐渐减弱。气体对射线的吸收率取决于射线沿途所碰到的气体分子的数目。而气体分子数又和射线所通过的路线行程长度 s 和该气体的分压 p（浓度）的乘积成正比，此外也和气体的温度 T 有关。所以气体的吸收率是射线行程长度 s 与气体的分压 p 的乘积及温度 T 的函数。

（3）克希荷夫定律也同样适用于气体，即气体的黑度等于同温度下的吸收率，即 $\varepsilon_g = A_g$。因此，某种气体的黑度也是射线行程长度 s 与该气体分压 p 的乘积和温度 T 的函数，可表示为下列形式：

$$\varepsilon_g = f(T, ps)$$

气体辐射严格说来并不遵守四次方定律，例如 CO_2 和 H_2O 的辐射能力分别与其温度的 3.5 次和 3 次方成正比，但是工程上为计算方便起见，仍采用四次方定律，只是在计算气体黑度中做适当的修正。

6.4.2　气体的黑度

气体黑度的定义和固体一样，是指气体的辐射能力与同温度下黑体辐射能力之比，即 $\varepsilon_g = E_g / E_0$。实用上气体的黑度是由实验测定的，实验数据整理成图线的形式便于使用。图 6-12、图 6-13 所示分别为 CO_2 和 H_2O 黑度的曲线。图的横坐标是气体温度（℃），气体分压和平均射线行程的乘积为参变量，纵坐标为黑度值。对水蒸气而言，分压对黑度的影响比平均射线行程对黑度的影响大，还要考虑水蒸气分压单独的影响，从图 6-13 中查出的 ε_{H_2O}，还必须乘以校正系数 β，β 的数值可由图 6-14 查得。

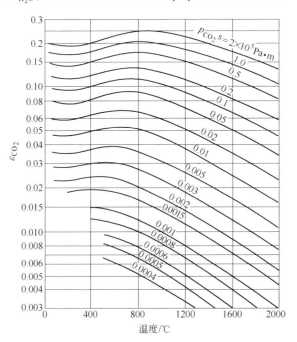

图 6-12　CO_2 的黑度

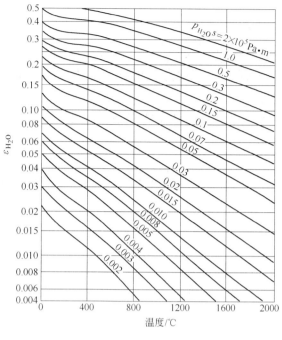

图 6-13 H_2O 的黑度

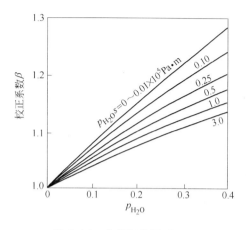

图 6-14 水蒸气分压对 H_2O
黑度影响的校正系数

在炉子热工计算中,经常需要计算燃烧产物的黑度。燃烧产物中的辐射气体基本上只有 CO_2 和 H_2O,炉气黑度近似等于两者黑度的和:

$$\varepsilon_g = \varepsilon_{CO_2} + \beta\varepsilon_{H_2O} \tag{6-23}$$

利用图线求 CO_2 及 H_2O 的黑度必须知道气体的分压、温度和射线行程长度。由于燃烧产物基本上是在一个大气压下,所以 CO_2 和 H_2O 的分压实际上等于燃烧产物中 CO_2 和 H_2O 的体积分数。当总压力不等于一个大气压并相差较大时,需要做出修正。至于射线行程长度,取决于气体容积 V 及其形状和尺寸(包围气体的表面积为 A),气体沿各方向射线的行程长度是不同的,计算中取平均射线行程,近似的公式是:

$$S = 3.6\frac{V}{A} \tag{6-24}$$

一些简单形状的气体空间中平均射线行程长度见表 6-2。

表 6-2 气体辐射的平均射线行程长度

气体空间的形状	s
直径为 d 的球体	$0.6d$
边长为 a 的立方体	$0.6a$
无限长的直径为 d 的圆柱体	$0.9d$
高度 h 和直径 d 相等的圆柱(对侧面辐射)	$0.6d$
高度 h 和直径 d 相等的圆柱(对底面中心辐射)	$0.77d$
在两平行面间厚度为 h 的气层	$1.8h$

6.4.3　气体和通道壁的辐射换热

当气体通过通道时,气体与通道内壁之间要产生辐射热交换。设气体与通道壁面的温度分别为 T_1 和 T_2,气体的黑度与吸收率为 ε_1 及 A_1,壁面的黑度为 ε_2 时,可以用有效辐射和差额热量的概念来分析气体与通道壁的辐射热交换。

由于气体没有反射能力,气体自身的辐射即其有效辐射,单位面积的有效辐射为:

$$Q_{效1} = E_1 \tag{a}$$

通道壁的有效辐射为:

$$Q_{效2} = E_2 + Q_{效2}\varphi_{22}(1 - A_1)(1 - A_2) + Q_{效1}(1 - A_2) \tag{b}$$

将式(a)代入式(b),经过整理,可得:

$$Q_{效2} = \frac{E_2 + E_1(1 - A_1)}{1 - \varphi_{22}(1 - A_1)(1 - A_2)} \tag{c}$$

式中,A_2 为通道壁的吸收率,根据克希荷夫定律,可认为 $A_2 = \varepsilon_2$。

所以投射到壁上的热量与壁有效辐射的差额热量,就是通道壁所得到的净热 Q_2,即:

$$Q_2 = E_1 + Q_{效2}\varphi_{22}(1 - A_1)(1 - A_2) + Q_{效2} \tag{d}$$

在容器内壁包围气体这一情况下,显然 $\varphi_{22} = 1$。

将式(c)代入式(d)整理以后,可得:

$$Q_2 = \frac{5.67}{\dfrac{1}{\varepsilon_2} + \dfrac{1}{A_1} - 1}\left[\frac{\varepsilon_1}{A_1}\left(\frac{T_1}{100}\right)^4 - \left(\frac{T_2}{100}\right)^4\right] \tag{6-25}$$

通常可以认为气体的吸收率 A_1 与气体在壁温下的黑度相等,即用壁温求出的气体黑度就是气体的吸收率。当气体与壁面温度相差不大时,可以近似地认为 $A_1 = \varepsilon_1$,这时式 6-25 就简化为:

$$Q_2 = \frac{5.67}{\dfrac{1}{\varepsilon_1} + \dfrac{1}{\varepsilon_2} - 1}\left[\left(\frac{T_1}{100}\right)^4 - \left(\frac{T_2}{100}\right)^4\right] \tag{6-26}$$

式 6-26 与前面求得的式 6-15 完全一样,这是因为把气体当作灰体做了一些简化的结果。

6.4.4　火焰的辐射

气体燃料或没有灰分的燃料完全燃烧时,燃烧产物中可辐射气体只有 CO_2 和 H_2O,由于它们的辐射光谱中没有可见光的波段,所以火焰不仅黑度小,而且亮度也很小,呈现淡蓝色或近于无色。当燃烧重油、固体燃料时,火焰中含有大量分解的炭黑、灰粒,这些悬浮的固体颗粒,不仅黑度大,而且可以辐射可见光波,火焰是明亮发光的。前者称为暗焰,后者称为辉焰。黑度很高的辉焰其辐射能力和固体差不多,但是辉焰的黑度很难用公式来计算,因为它和燃料种类、燃烧方式和燃烧状况都有关系,同时炉子内不同部位火焰的温度和各成分的浓度还在变化。所以暗焰的黑度可以按上述计算气体黑度的公式来计算,而辉焰的黑度只能参考经验数据。表 6-3 是火焰黑度的参考数据。

表 6-3　火焰的黑度

燃 料 种 类	燃 烧 方 式	ε
发生炉煤气	二级喷射式烧嘴	0.32
高炉焦炉混合煤气	部分混合的烧嘴(冷风)	0.16
高炉焦炉混合煤气	部分混合的烧嘴(热风)	0.213
天然气	内部混合烧嘴	0.2
天然气	外部混合烧嘴	0.6~0.7
重油	喷嘴	0.7~0.85
粉煤	粉燃烧嘴	0.3~0.6
固体燃料	层状燃烧	0.35~0.4

　　从传热的观点看,辉焰的辐射能力强,对热交换有利。但燃料热分解所产生的碳粒必须在火焰进入烟道前烧完,否则燃料的不完全燃烧增加,炉内的燃烧温度也受影响。

第二篇

连铸过程中的热交换

7 连铸工艺中的热交换

连续铸钢技术是将冶炼好的纯净钢水由钢包浇入中间包,使钢水中的夹杂物进一步上浮,并能够以较小的静压力连续不断地注入结晶器内,待钢水在其内凝固到具有一定厚度的坯壳后,则从结晶器底端拉出,然后通过二冷区直接对已凝固的坯壳表面进行喷水(气雾)冷却,直至完全凝固,接着进行矫直、切割,最后形成连铸坯的工艺。这一工艺大大地简化了从钢水到钢坯的生产工艺流程,并大量地节能降耗、提高金属收得率和成材率,成为现代化钢铁企业的重要标志之一。

7.1 连铸机热平衡

7.1.1 连铸凝固传热的过程及特点

连续铸钢工艺是将高温的钢水通过强制冷却,使其放出大量的热量而凝固成为连铸坯,因此凝固传热在整个连铸过程中贯穿始终。由钢液转变为连铸坯要通过钢包、中间包、结晶器和二冷装置等设备放出大量的热,其中包括铸坯液相区内的过热、两相区内的结晶潜热和固相区内的显热。由于这种放热是伴随着凝固进行的,所以凝固传热比一般传热问题要复杂一些。

凝固过程中的传热强度直接决定了凝固速度,制约着铸坯的形成过程和物理化学性质的均匀程度,同时还影响着连铸设备的使用寿命。认识和掌握连铸凝固传热的规律性,对于连铸机的设计、连铸工艺的制定和铸坯质量的控制都有很重要的意义。

7.1.1.1 连铸坯的凝固冷却过程

连铸工艺要求铸坯在切割前完全凝固。在铸机范围内(铸坯切割前)需散出的热量由三部分组成[5]:

(1)将过热的钢液冷却到液相线温度所放出的热;

(2)钢结晶凝固时放出的凝固热;

(3)凝固的高温铸坯冷却至送出连铸机时所放出的热。

连铸坯凝固冷却过程可分为四个阶段:

(1)钢液在结晶器中快速冷却,形成薄的坯壳,由于坯壳薄并有塑性,在钢液静压力下坯壳产生蠕变,贴靠于结晶器内壁,坯壳与结晶器壁紧密接触,此时冷却较快,铸坯表面温度明显下降;

(2)随着凝固壳增厚,铸坯收缩,坯壳与结晶器壁间产生气隙,铸坯冷却速度减慢;

(3)坯壳具有足够厚度时,铸坯从结晶器中拉出,在二冷区受到强烈的喷水冷却,中心逐渐凝固,但铸坯表面温度下降快,表面温度显著低于中心温度;

（4）铸坯在空气中较缓慢地冷却,铸坯中心的热量传导给外层使铸坯外层变热,表面温度回升。不过,随着时间推移,整个铸坯断面上温度逐渐趋于均匀。

7.1.1.2 连铸坯的凝固实质

连铸坯的凝固实质上是一个传热过程,与钢锭凝固相比,其复杂性在于:

（1）连铸坯凝固是在铸坯运行过程中,沿液相穴在凝固区间将液相变为固体。固—液交界面的糊状区晶体强度和塑性都很小,当凝固壳受到应力作用（如热应力、鼓肚应力、矫直应力等）时,容易产生裂纹。

（2）铸坯从上向下运行中,坯壳不断收缩,如冷却不均匀,会造成坯壳中温度分布不均匀,从而形成较大的热应力。

（3）液相穴中液体处于不断流动中,这对铸坯凝固结构、夹杂物分布、溶质元素的偏析和坯壳的均匀生长都有着重要的影响。

（4）从冶金方面看,坯壳在冷却过程中,金属发生相变（$\delta \rightarrow \gamma \rightarrow \alpha$）,特别是在二冷区,铸坯与夹辊和喷淋水交替接触,坯壳温度反复变化,使金相组织发生变化,铸坯类似于受到反复热处理,这影响到溶质偏析和硫化物、氮化物在晶界沉淀,从而影响到钢的高温性能,影响铸坯质量。

7.1.2 传热量

根据连铸过程的热平衡,钢液凝固和冷却所放出的热量是很大的。单位质量钢液放出的热量包括[6]:

（1）过热量,即钢液由浇铸温度冷却到液相线温度时放出的热量:

$$Q_1 = c_1(T_c - T_1) \tag{7-1}$$

式中　Q_1——过热量,kJ/kg;

　　　c_1——液态钢的比热容,kJ/(kg·℃);

　　　T_c——浇铸温度,℃;

　　　T_1——液相线温度,℃。

（2）结晶潜热量,即钢液结晶时放出的热量,以 L 表示,单位为 kJ/kg。

（3）显热量,即铸坯从液相线温度冷却到室温时放出的热量:

$$Q_s = c_{ls}(T_1 - T_s) + c_s(T_s - T_0) \tag{7-2}$$

式中　Q_s——显热量,kJ/kg;

　　　c_{ls}——两相区钢的比热容,kJ/(kg·℃);

　　　T_s——固相线温度,℃;

　　　c_s——固态钢的比热容,kJ/(kg·℃);

　　　T_0——环境温度,℃。

所以,铸坯在凝固期间,1 kg 钢液放出的总热量为:

$$Q = Q_1 + L + Q_s \tag{7-3}$$

式中　Q——总热量,kJ/kg。

温度确定以后,上述各部分热量占总热量的比例要受到钢比热容值和潜热值的制约,而比热容和潜热的大小受到钢化学成分的影响,其中影响较大的是钢的含碳量。

一般来说,比热容随钢中碳含量增加而增加,而潜热则随钢中碳含量增加而减少,但也不尽然。表7-1 和表7-2 给出了这方面的一些数据。

表 7-1   Fe-C 合金的比热容值

碳含量/%	0.00	0.20	0.55	1.25	2.44	3.18	3.90	4.08
$c_1/kJ \cdot (kg \cdot \text{℃})^{-1}$	0.84	0.88	1.88	1.47	1.72	1.72	1.67	2.09
$c_s/kJ \cdot (kg \cdot \text{℃})^{-1}$	0.42	0.71	1.21	1.17	1.51	1.38	1.38	1.38

表 7-2   某些钢种的结晶潜热值

钢 种	化 学 成 分/%								$L/kJ \cdot kg^{-1}$
	C	Si	Mn	Cr	Ni	Cu	Ti	Mo	
Fe-C 合金	2.00								138.2
T10A	1.00	0.20	0.20	0.10	0.10	0.10			213.5
T8	0.80	0.22	0.20	0.10	0.10	0.10			230.3
40Cr	0.40	0.27	0.60	0.85	0.20	0.10			259.2
40	0.40	0.25	0.60	0.20	0.10				267.1
30CrMnTi	0.28	0.27	0.95	1.15	0.10	0.10	0.09		271.2
20CrNiMo	0.10	0.27	0.40	1.50	4.30			0.35	272.1
1Cr18Ni9Ti	0.10	0.50	1.00	19.00	10.0		0.50		251.2
35CrMoSi	0.35	1.25	0.95	1.25	0.10	0.10			239.1

以浇注 20 号钢为例,取 $T_c = 1560\text{℃}$, $T_s = 1500\text{℃}$, $T_0 = 25\text{℃}$, $T_1 = 1530\text{℃}$, $c_1 = 0.88$ kJ/ $(kg \cdot \text{℃})$, $c_s = 0.71$ kJ/ $(kg \cdot \text{℃})$,则 1 kg 钢在连铸终了冷却到室温时共放出热量为:

$$Q = C_1(T_c - T_1) + L + c_{ls}(T_1 - T_s) + c_s(T_s - T_0)$$

$$= 0.88 \times (1560 - 1530) + 138.2 + \frac{0.88 + 0.71}{2} \times (1530 - 1500) + 0.71 \times (1500 - 25)$$

$$= 1235.70(kJ/kg)$$

连铸热平衡试验表明:由结晶器→二冷区→空冷辐射区→切割放出的热量占铸坯总放热量的 50% 以下,这部分热量的放出过程将影响铸坯的组织结构、质量和连铸机的生产率。因此,了解和控制该过程热量的放出规律是非常重要的。铸坯切割后冷却到室温放出的热量占铸坯总放热量的一半以上,并且这部分热量的比例随拉坯速度的提高而增加,如图 7-1所示。从能量利用的角度来说,应充分重视这部分热量的回收,所以应在提高操作水平、保证铸坯质量的前提下,尽量采取铸坯热送工艺,以节约能源。

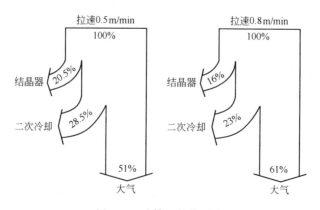

图 7-1   连铸坯的热平衡

7.1.3　连铸凝固传热特点

连铸凝固传热的机构比较复杂。其中,传导、对流和辐射三种基本传热方式并存,属于综合传热。图7-2所示为铸坯在结晶器内的传热方式及温度分布示意图。

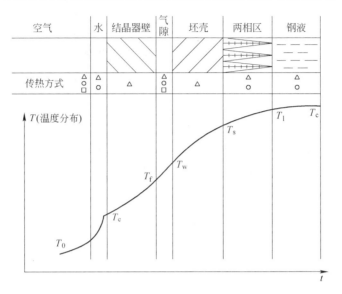

图7-2　铸坯在结晶器内的传热方式及温度分布示意图

△—传导;○—对流;□—辐射;

T_w—坯壳表面温度;T_f,T_e—结晶器内、外壁温度

在铸坯的凝固过程中,由于钢液不断地散热降温,当温度降低到凝固温度后,开始在散热面处形成薄的凝固层。继续散热冷却,凝固层将不断地加厚,直到全部凝固为止。所以,铸坯内部的传热是由在不断加厚的凝固层中的传导传热和在不断减薄的液相中的传导与对流传热所组成的,并且在固、液交错的两相区内不断地释放出凝固潜热。

在凝固过程的初期,由于浇注时钢液的强制流动,钢液本身温度还比较高,流动性也比较好,因而内部对流传热就比较强;随着钢液本身温度的不断下降,流动性逐渐变差,对流传热方式就会逐渐减弱。

连铸凝固传热属于冶金熔体中凝固前沿推移动力学的研究范畴。由于传热结构和钢液流动的复杂性,目前对铸坯内部封闭体系中存在的钢液紊流和层流运动以及两相区中两相流的重力迁移等所产生的传热、传质过程研究得还不够充分,很多问题只是达到定性研究的地步,进行定量计算时,往往需要对实际凝固情况做一定的简化处理。

另外,连铸坯是在运动中传热,由于连铸坯总要以一定的拉速运动,所以其向外传热的边界条件总是变化的,总要经历诸如结晶器壁冷、二冷区水冷和辊冷以及空冷区气冷等不同的冷却区域。由于冷却方式、冷却介质的不同,铸坯表面散热热流的变化相当剧烈,从而使铸坯各部位,特别是外层坯壳区域的温度变化很剧烈。据测定,小方坯连铸机中铸坯在结晶器入口处表面热流密度可达4000 kW/m²,而经过15 s运动后,表面热流密度就降为1000 kW/m²左右。同时,坯壳表面温降可达400～500℃,如此大的变化幅度和变化速度都是其他传热问题中很少见的。

7.2 凝固潜热

7.2.1 凝固潜热的处理

连铸坯在凝固过程中会释放出大量的潜热。铸坯凝固冷却过程实质上是铸坯内部显热和潜热不断向外散失的过程。显热的释放与材料的比定压热容 c_p 和温度变化量 ΔT 密切相关;潜热的释放仅取决于材质本身发生相变时所反映出的物理特性。在铸坯凝固冷却过程释放的总热量中,金属过热的热量仅占 20% 左右,凝固潜热约占 80%。凝固潜热占有相当大的比例[7]。

$$\Delta T^* = \frac{L}{c_{pL}} \tag{7-4}$$

潜热对铸坯凝固数值计算的精度起着非常关键的作用。

式 7-1 ~ 式 7-3 均表示考虑了凝固潜热释放的不稳定导热偏微分方程。如对于式 7-1 表示的一维问题:

$$\rho c \frac{\partial T}{\partial t} = \frac{\partial}{\partial x}\left(\lambda \frac{\partial T}{\partial x} \right) + \rho L \frac{\partial f_s}{\partial t}$$

做如下变更:

$$\rho L \frac{\partial f_s}{\partial t} = \rho L \frac{\partial f_s}{\partial T} \cdot \frac{\partial T}{\partial t}$$

并把潜热项移到左边,则成为:

$$\rho\left(c - L \frac{\partial f_s}{\partial T} \right)\frac{\partial T}{\partial t} = \frac{\partial}{\partial x}\left(\lambda \frac{\partial T}{\partial x} \right) \tag{7-5}$$

由式 7-5 可见,如果固相分数 f_s 和温度 T 的关系已知,则式 7-5 就能很容易地进行数值求解。

由于合金材质不同,潜热释放的形式也不同,在数值计算中也应采取不同的潜热处理方法。

7.2.2 温度补偿法

纯金属或共晶合金都是在同一温度上发生凝固,也是在该温度上将所有的凝固潜热释放完毕。用有限差分对这类合金的铸件进行计算时,应把握住其恒温凝固的特点,为此需做如下处理。

铸件内任一单元 i,设其初始温度高于凝固点 T_s。计算时要满足条件为:

$$\sum_{i=1}^{m} \Delta T_i \geqslant \Delta T^* \tag{7-6}$$

即将潜热的释放折合成等效温度区间 ΔT^* 内显热的释放,并保持计算温度为常数 T_s,只有当所有的补偿温度之和大于或等于等效温度区间 ΔT^* 时才意味着凝固结束,温度才可能继续下降。

但对于多项式第 m 步计算,温度不能再补偿到 T_s,而应是:

$$T_i = T_s - \left(\sum_{i=1}^{m} \Delta T_i - \Delta T^* \right) \tag{7-7}$$

自此以后不再对该单元进行潜热处理。

7.2.3　等效比热法

因凝固时固相分数 f_s 与温度密切相关,则 $\dfrac{\partial f_s}{\partial t}$ 可表示为 $\dfrac{\partial f_s}{\partial T} \cdot \dfrac{\partial T}{\partial t}$,可写成:

$$\rho c'_p \frac{\partial T}{\partial t} = \lambda \left(\frac{\partial^2 T}{\partial x^2} + \frac{\partial^2 T}{\partial y^2} + \frac{\partial^2 T}{\partial z^2} \right) \qquad (7\text{-}8)$$

式中

$$c'_p = \begin{cases} c_p & T \geqslant T_L \\ c_p - L \dfrac{\partial f_s}{\partial T} & T_L \geqslant T \geqslant T_S \\ c_p & T < T_S \end{cases} \qquad (7\text{-}9)$$

式 7-8 与前面介绍的无相变导热微分方程的形式完全一致,只是将潜热折合成比定压热容,以 c'_p 代替 c_p,该方法被称为等效比热法(或折合比热法)。

7.2.4　热焓法

先定义金属材料自 T_0 升温至 T 时的热焓增量 ΔH 为:

$$\Delta H = \int_{T_0}^{T} c_p \mathrm{d}T + \sum H_i \qquad (7\text{-}10)$$

式中　$\sum H_i$ ——材料在该温度区间发生的各种相变潜热之和。

由式 7-9 可知,具有相变时的 c_p 用等效比定压热容 c'_p 代替,则 H_i 可反映到 c'_p 中,式 7-10 可改写成:

$$\Delta H = \int_{T_0}^{T} c'_p \mathrm{d}T \qquad (7\text{-}11)$$

即

$$c'_p = \frac{\partial \Delta H}{\partial T} \qquad (7\text{-}12)$$

将式 7-12 代入导热微分方程(一维)得:

$$\rho \frac{\partial \Delta H}{\partial t} = \lambda \frac{\partial^2 T}{\partial x^2} \qquad (7\text{-}13)$$

其差分格式为:

$$\Delta H_{(i)}^{n+1} = \Delta H_{(i)}^{n} + \Delta t \frac{\lambda}{\Delta x^2} \left(T_{(i+1)}^{n} + T_{(i-1)}^{n} - 2T_{(i)}^{n} \right) \qquad (7\text{-}14)$$

8　结晶器中的热交换

8.1　钢水在结晶器内的凝固与传热

8.1.1　钢水在结晶器内的凝固过程

钢水从注入结晶器至出结晶器这段时间里,由于一部分热量在这一过程中被结晶器带走,因此就形成具有一定厚度的坯壳,结晶器内初生坯壳的形成和生长有如下一些特点[8]:

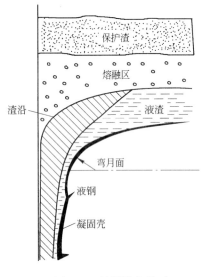

图 8-1　结晶器弯月面

(1) 钢水进入结晶器与铜板接触,就会因为钢水的表面张力和密度在钢液上部形成一个较小半径的弯月面(见图 8-1)。在弯月面的根部,由于冷却速度很快(可达 100℃/s),初生坯壳迅速形成。随着钢水不断流入结晶器及坯壳不断向下运动,新的初生坯壳就连续不断地生成,已生成的坯壳则不断增加厚度。

(2) 已凝固的坯壳因发生 $\delta \rightarrow \gamma$ 的相变,坯壳向内收缩,从而脱离结晶器铜板,直至与钢水静压力平衡。

(3) 由于上述第(2)条的原因,在初生坯壳与铜板之间产生了气隙,这样坯壳因得不到足够冷却而开始回热,强度降低,钢水静压力又将坯壳贴向铜板。

(4) 上述过程反复进行,直至坯壳出结晶器。由于坯壳在结晶器内的生长是在上述反复的过程中进行的,坯壳的不均匀性总是存在的,大部分表面缺陷就是起源于这个过程。

(5) 角部的传热因为是二维的,因此,开始凝固最快,最早收缩,因而最早形成气隙,然而,钢水静压力使铸坯的中部更易于消除气隙而与铜板接触,因此在结晶器内以后的凝固过程中,角部的传热始终小于其他部位,致使角部区域坯壳最薄(见图 8-2),这也是产生角部裂纹和发生漏钢的祸根。

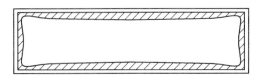

图 8-2　连铸板坯角部坯壳厚度示意图

8.1.2　结晶器内的传热过程

结晶器内的传热需经过如下 5 个过程(见图 8-3):

（1）钢水对初生坯壳的传热。这是强制对流传热过程。在浇铸过程中，通过浸入式水口侧孔出来的钢水对初生的凝固壳形成强制对流运动，钢水的热量就这样传给了坯壳。

（2）凝固坯壳内的传热。这是单方向的传导传热。坯壳靠钢水一侧温度很高，靠铜板一侧温度较低，坯壳内的这种温度梯度可高达550℃/cm。这个传热过程中的热阻取决于坯壳的厚度和钢的热导率。

（3）凝固坯壳向结晶器铜板的传热。这一传热过程比较复杂，它取决于坯壳与钢板的接触状态。在气隙形成以前，即在靠近弯月面的下方，这一传热过程主要以传导方式为主，热阻还取决于保护渣膜的热导率和厚度。而在有气隙的界面，这一传热过程则以辐射和对流方式为主，当然，这时的热阻是整个结晶器传热过程中最大的。

（4）结晶器铜板内部传热。这一过程也是传导传热过程，其热阻取决于铜的热导率和铜板厚度。由于铜板具有良好的导热性，因此这一过程的热阻是很小的。

（5）结晶器铜板对冷却水的传热。这是强制对流传热过程。热量被通过水缝中高速流动的冷却水带走（见图8-4），传热系数主要取决于冷却水的速度。有研究指出：当水流速度达到6 m/s时，其传热系数可达2 W/(cm^2·℃)，这时传热效率最高。

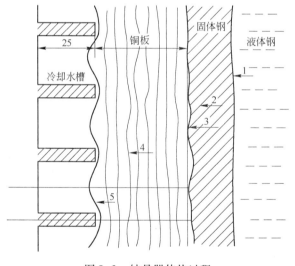

图8-3 结晶器传热过程

1—钢水对初生坯壳的传热；2—凝固坯壳内的传热；
3—凝固坯壳向结晶器铜板的传热；4—结晶器铜板内部传热；
5—结晶器铜板对冷却水的传热

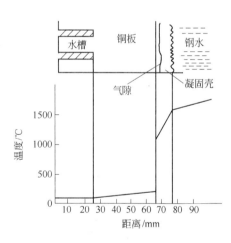

图8-4 结晶器温度分布

8.2 结晶器内传热模型的建立

结晶器的基本作用是：一是在尽可能高的拉速下保证铸坯出结晶器有足够的坯壳厚度，以抵抗钢水静压力，防止拉漏；二是坯壳厚度要均匀稳定地生长。

结晶器中钢水的散热可分为垂直方向（拉坯方向）散热和水平方向散热。垂直方向散热包括结晶器内钢水表面散热和铸坯向下散热。

8.2.1　垂直方向散热

垂直方向散热包括结晶器内钢水表面散热和铸坯向下散热。钢水表面散热可表示为[9]：

$$Q_1 = \varepsilon \sigma F (T_1^4 - T_0^4) \tag{8-1}$$

式中　F——钢水表面积；

$\quad\quad T_1$——钢水表面温度；

$\quad\quad T_0$——环境温度。

铸坯向下运动的散热量：

$$Q_2 = \lambda \frac{T_1 - T_2}{L} F \tag{8-2}$$

式中　λ——钢的热导率；

$\quad\quad L$——结晶器长度；

$\quad\quad T_1$——钢液面平均温度；

$\quad\quad T_2$——出结晶器铸坯表面温度。

经理论计算，垂直方向散热量占总散热量的 3% ~6%。

8.2.2　水平方向散热

结晶器中钢水沿周边即水平方向传热有以下过程：

（1）钢水向铸坯的对流传热；

（2）凝固坯壳中传导传热；

（3）凝固坯壳与结晶器壁传热；

（4）结晶器壁传导传热；

（5）冷却水与结晶器壁的强制对流换热，热量被通过水缝中高速度流动的冷却水带走，见图 8-2。

结晶器内钢水热量传给冷却水的总热阻可表示为：

$$\frac{1}{h} = \frac{1}{h_1} + \frac{e_m}{\lambda_m} + \frac{1}{h_0} + \frac{e_{Cu}}{\lambda_{Cu}} + \frac{1}{h_w} \tag{8-3}$$

式中　h——总的传热系数；

$\quad\quad h_1$——钢水与坯壳的对流传热系数，估算 $h_1 = 1\ \mathrm{W/(cm^2 \cdot ℃)}$；

$\quad\quad e_m$——凝固壳厚度，坯壳内温度梯度可达 550℃/cm；

$\quad\quad \lambda_m$——钢的热导率；

$\quad\quad h_0$——坯壳与结晶器间传热系数，它取决于坯壳与铜壁的接触状态，若形成了气隙，热阻显著增大，气隙中的传热系数 $h_0 = 0.2\ \mathrm{W/(cm^2 \cdot ℃)}$；

$\quad\quad e_{Cu}$——铜壁厚度；

$\quad\quad \lambda_{Cu}$——铜的热导率；

$\quad\quad h_w$——强制对流时水的传热系数，研究表明，当水流速达 6 m/s 时，传热系数 $h_w = 4\ \mathrm{W/(cm^2 \cdot ℃)}$。

通过测定 h 值来计算结晶器导出热量是很困难的。为便于应用，结晶器导热能力常用平均热流来表示,结晶器温降过程中热流密度的确定是:铸坯在结晶器内的表面温度变化比较复杂,一般认为铸坯边界上的热流密度与温度无关,而采用经验公式求得:

$$\phi = A - B\sqrt{t} \tag{8-4}$$

式中 ϕ——结晶器某一时刻热流密度,W/m^2;

   t——拉坯时间;

   A——结晶器入口截面上的热流密度,W/m^2,一般推荐取为 268 W/m^2;

   B——经验常数,$W/(m^2 \cdot s^{\frac{1}{2}})$。

经验常数 B 可以通过以下各式求得:

$$\overline{\phi} = \frac{\int_0^{t_m}(268 - B\sqrt{t})\,\mathrm{d}t}{t_m} \tag{8-5}$$

$$Q_1 = \rho_w c_w W \Delta T \tag{8-6}$$

$$\overline{\phi} = \frac{Q_1}{S} \tag{8-7}$$

式 8-5 ~ 式 8-7 中 ρ_w——冷却水密度,kg/m^3;

   c_w——冷却水比热容,$kJ/(kg \cdot \text{℃})$;

   W——水流量,m^3/s;

   ΔT——进出水的温差,℃;

   S——钢坯与结晶器的接触面积,m^2。

将结晶器的平均热流密度 $\overline{\phi}$ 式 8-7 代入式 8-5,即可求出 B 的值,从而确定其热流密度的具体公式。

8.3   结晶器传热量的计算

8.3.1   铸坯液芯与坯壳间的传热

由于从中间包水口注入结晶器的钢流造成了钢液的复杂运动,过热的液芯与坯壳之间产生对流热交换,不断地把过热量传给坯壳。

由实测可知,液芯与坯壳之间热流密度随钢液过热度的增高而加大,当钢液过热度为 30℃时,两者的热流密度为 30 W/cm^2。由于钢液的热对流,保证了从液芯向坯壳传热的均匀性,可使钢液的过热度很快消失。因此,虽然可以忽略过热度对结晶器总热流的影响,但把过热度限制在一定范围内是很有必要的。

法国钢铁研究院等单位曾研究过这种热交换过程,并给出了计算液芯与坯壳之间传热系数的经验式:

$$h = \frac{2}{3}\rho c w \left(\frac{c\mu}{\lambda}\right)^{-\frac{2}{3}} \left(\frac{lw\rho}{\mu}\right)^{-\frac{1}{2}} \tag{8-8}$$

式中 h——液芯与坯壳的对流传热系数,$W/(cm^2 \cdot \text{℃})$;

   λ——钢液热导率,$W/(cm \cdot \text{℃})$;

ρ——钢液的密度,g/m^3;

μ——钢液的黏度,$g/(s \cdot m)$;

l——传热处的结晶器高度,cm;

c——钢的比热容,$J/(g \cdot ℃)$;

w——钢液的流速,cm/s。

8.3.2　坯壳与结晶器间的传热

在忽略了沿拉坯方向的传热之后,可以认为在凝固坯壳内的传热是单方向的,并且是垂直于拉坯方向的单纯导热过程,所以坯壳对液芯过热量特别是二相区的凝固潜热向外传递构成了很大热阻。若坯壳厚度为 1 cm,就可以构成大约 $3.3\ cm^2 \cdot ℃/W$ 的热阻。

当钢液注入结晶器时,除了在弯月面附近有很小面积的结晶器壁表面与过热钢液直接接触进行对流热交换之外,其余绝大部分结晶器壁表面是与凝固坯壳之间进行的固—固表面之间的热交换。根据接触条件的不同,可以把铸坯与结晶器表面接触的区域划分为三个不同的区域(如图 8-5 所示):

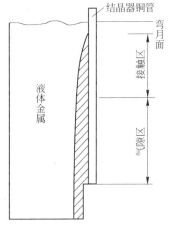

图 8-5　铸坯与铜壁间的接触情况

（1）弯月面区,钢液与铜壁直接接触时,热流密度相当大,高达 $150 \sim 200\ W/cm^2$,可使钢液迅速凝固成坯壳,冷却速度达 100℃/s。

（2）紧密接触后,在钢水静压力作用下,坯壳与铜壁紧密接触,两者以无界面热阻的方式进行导热热交换。在这个区域里导热效果比较好。

（3）气隙区,当坯壳凝固到一定厚度时,其外表面温度的降低使坯壳开始收缩,因而在坯壳与铜壁之间形成充有气体的缝隙,称为气隙。由于坯壳与铜壁紧密接触时,结晶器角部冷却最快,所以首先可在角部出现气隙,随后再向中部扩展。在气隙中,坯壳与铜壁之间的热交换以辐射和对流方式进行。由于气隙造成了很大界面热阻,降低了热交换速率,所以坯壳在气隙处可出现回温膨胀,当抵抗不住钢水静压力时,面重新紧贴到铜壁之上,使气隙很快消失。气隙消失后,界面热阻也随之消失,导热量增加会使坯壳再度降温收缩,从而重新形成气隙,然后再消失,再形成……,如此循环不已,所以在结晶器内,坯壳与铜壁的接触表现为时断时续。实验表明,气隙一般都是以小面积而不连续的形式散在铜壁与坯壳之间,气隙出现的位置具有随机性,并没有固定的空间位置。但统计结果表明,距弯月面越远,气隙出现得越多,厚度也越大。所以使结晶器具有一定锥度,对于减少气隙的存在、增强结晶器冷却效果是行之有效的一个措施。

由于坯壳角部的刚度较大,所以出现在角部的气隙厚于出现在坯壳表面中部的气隙,因此角部气隙的界面热阻也比中部的大,所以当气隙存在时,从中部至角部的坯壳与铜壁间的热流密度是逐渐减小的。这说明沿结晶器横断面上的冷却强度是不均匀的。

由于气隙的存在和坯壳表面温度的变化,沿结晶器长度方向上坯壳与铜壁间的热流密度也是变化的。图8-6所示为小方坯连铸结晶器中热流密度随时间的变化关系。因为时间＝长度/拉速,所以该图同时表示了热流密度沿结晶器长度方向上的变化。从图上可以看出,热流密度沿结晶器长度方向是逐渐降低的。

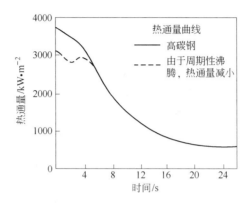

图8-6　结晶器的热流密度与时间的关系

8.3.3　结晶器铜壁与水之间的传热

冷却水通过强制对流迅速地把铜壁的热量带走,保证铜壁温度不升高,不致使结晶器发生永久变形。对传热有重要影响的是铜壁与冷却水的界面状态。图8-7所示为铜壁与冷却水的热流曲线。从图8-7中曲线可知,结晶器铜壁与冷却水界面有三个传热区:

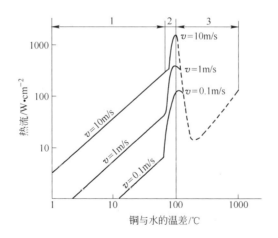

图8-7　结晶器铜壁与冷却水界面传热

（1）强制对流传热。热流与铜壁温度呈线性关系,可根据水缝中的流速和水缝形状计算对流传热系数:

$$\frac{h_e D_e}{\lambda_e} = 0.023 \left(\frac{D_e v_e \rho_e}{\mu_e}\right)^{0.8} \left(\frac{c_e \mu_e}{\lambda_e}\right)^{0.4} \tag{8-9}$$

式中　h_e——冷却水与铜壁对流传热系数;

D_e——水缝的当量直径;

λ_e——水的热导率;

v_e——水的流速;

μ_e——水的黏度;

c_e——水的比热容;

ρ_e——水的密度。

(2)核沸腾区。铜壁局部区域处于高温状态,靠近铜壁表面过热的水层中有水蒸气产生沸腾,当气泡离开铜壁表面在较冷的水流内凝结时产生搅动作用,加强结晶器与冷却水之间的热交换,此时传热不决定于水的流速,而主要决定于铜壁表面的过热、水压力和液体性能。热流由罗斯(Rohsenow)定律计算:

$$\frac{c_{pl}(T-T_{sat})}{H_{fg}}=C_{sf}\Big[\frac{q_b}{\mu_e H_{fg}}\Big(\frac{\sigma}{g(\rho_e-\rho_v)}\Big)^{0.5}\Big]\Big(\frac{c_{pl}\mu_e}{\lambda_e}\Big)^s \qquad (8-10)$$

式中　c_{pl}——水的比热容;

C_{sf}——经验常数;

T_{sat}——水的饱和温度;

q_b——沸腾热流;

H_{fg}——蒸发潜热;

μ_e——水的黏度;

σ——水与蒸汽界面的表面张力;

ρ_e——水的密度;

ρ_v——蒸汽的密度;

g——重力加速度;

λ_e——水的热导率;

T——铜壁温度。

对于水与铜壁的情况:C_{sf}为 0.013;s 为 1.0。

(3)模态沸腾区。热流超过某一极限值,导致铜壁表面温度突然升高,这对结晶器来说是不允许的,会使结晶器发生永久变形。

对连铸结晶器来说,应力求避免后两种传热而得到第一种传热状态。理论计算和实践指出,当水缝(一般为 5 mm)中水的流速大于 6 m/s 时就可避免水的沸腾,保证良好的传热。同时应控制好结晶器进出水温度差,一般控制为 5～6℃,不超过 10℃。

8.4　结晶器冷却强度与坯壳厚度的关系[10]

在连铸过程中,钢水进入结晶器后,在水冷结晶器壁上凝固成坯壳。但在铸坯未凝固部分则有注入的钢流造成钢液运动,钢流对坯壳有冲刷作用,因此会使坯壳减薄,且在钢水静压力作用下形成纵裂和漏钢。另外,铸坯被拉出结晶器后,进入二冷区还要承受一定的热应力与机械应力,如果坯壳强度过低往往会发生漏钢事故。因为钢在凝固点附近强度很低,其强度极限仅为 0.2～0.4 MPa。因此,必须保证坯壳具有一定的厚度。而坯壳厚度与结晶器的冷却强度和拉坯速度有直接的关系。由于现代连铸机拉坯速度不断提高,这就必须使结晶器具有足够的冷却强度。

在以往的结晶器与铸坯的换热计算中,一般都忽略了坯壳生长过程中释放的凝固潜热以及未凝固的钢液对坯壳的冲刷作用。所以钢液与冷却水之间的传热计算是不够准确的,另外,对坯壳厚度的计算只能用凝固平方根定律进行近似的估算,而且凝固系数一般只能通过实验来确定。本节根据斯蒂芬凝固定律,分析了钢液与结晶器冷却水之间的传热关系,推导出了坯壳厚度与结晶器冷却强度及拉坯速度的关系。因此,可以较为准确地计算出坯壳在结晶器任一水平层的厚度。

8.4.1　结晶器内的热平衡

结晶器内钢水及坯壳在生长过程中所放出的热量包括钢水所放出的过热量、从弯月面形成初生坯壳到结晶器所放出的潜热,以及坯壳温度降低所放出的显热。在连铸过程中,一般可假定坯壳的冷却表面温度不随时间变化,且初始温度分布均匀。这样,坯壳中的温度场是稳态的。在固相线界面处,由斯蒂芬凝固方程得:

$$\rho L \frac{\mathrm{d}e}{\mathrm{d}t} = q_s(t) - q_t(t) \tag{8-11}$$

式中　q_s——冷却水结晶器一侧相界面处坯壳的热流密度;

　　　q_t——铸坯未凝固部分钢液一侧的热流密度;

　　　e——坯壳厚度;

　　　ρ——钢的密度;

　　　L——钢的凝固潜热。

$$q_t = h_t \Delta T_t \tag{8-12}$$

式中　h_t——钢水对坯壳的对流换热系数;

　　　ΔT_t——钢水与固相线的温度差(过热度)。

实际上,在稳定导热情况下,冷却水与坯壳凝固界面的导热量等于冷却水与结晶器铜板的换热量。即:

$$q_s = q_w = h_w \Delta T_{wb} \tag{8-13}$$

式中　h_w——结晶器的冷却水与铜板之间的对流换热系数;

　　　ΔT_{wb}——冷却水与铜板之间的温度差。因此,只要求出 h_w,即可求出 q_w,即 q_s。

以钢水弯月面处为原点,拉坯方向为 z 轴正向,如图8-8所示。由式8-11得:

$$\rho L v \frac{\mathrm{d}e}{\mathrm{d}z} = q_w - q_t \tag{8-14}$$

式中,$v = \dfrac{\mathrm{d}z}{\mathrm{d}t}$,对式8-14两端积分:

$$\rho L v \int_0^x \mathrm{d}e = \int_0^z (q_w - q_t) \mathrm{d}z$$

得:

$$\rho L v [e(z) - e(0)] = \int_0^z (q_w - q_t) \mathrm{d}z \tag{8-15}$$

由于 $e(0)$ 为弯月面处的坯壳厚度,它应等于零,所以:

$$e(z) = \frac{1}{\rho L v} \int_0^z (q_w - q_t) \mathrm{d}z \tag{8-16}$$

式 8-16 便是坯壳厚度与冷却强度及拉坯速度之间的关系。

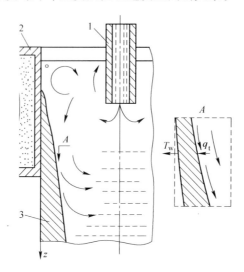

图 8-8　铸坯中的热流示意图

1—浸入式水口；2—结晶器；3—铸坯

8.4.2　对流换热系数 h_t 与 h_w 的确定

8.4.2.1　钢水对坯壳的对流换热系数 h_t

由中间包水口流出的钢流能引起钢液在结晶器内的对流运动。这种对流运动把钢水的过热量传给已经凝固的坯壳。

其对流换热系数 h_t 可借助于流体受迫垂直平板的对流换热公式：

$$h_t = \frac{2}{3}\rho cw\left(\frac{c\,\mu}{\lambda}\right)^{-\frac{2}{3}}\left(\frac{zw\rho}{\mu}\right)^{-\frac{1}{2}} \qquad (8-17)$$

式中　c——钢水的比热容；

　　　w——钢水相对坯壳的冲击速度；

　　　ρ——钢水的密度；

　　　μ——钢水的动力黏度；

　　　λ——钢水的热导率。

8.4.2.2　冷却水与铜板之间的对流换热系数 h_w

冷却水通过强制对流迅速地把铜板热量带走，以保证铜板温度不会升高，使结晶器不致发生永久变形。一般认为热流与铜板温度呈线性关系，根据水缝中的流速和水缝形状可以计算对流换热系数为：

$$h_w = \frac{\lambda_w}{D_w}0.023\left(\frac{D_w w_w \rho_w}{\mu_w}\right)^{0.8}\left(\frac{c_w \mu_w}{\lambda_w}\right)^{0.4} \qquad (8-18)$$

式中　λ_w——冷却水的热导率；

　　　D_w——水缝的当量直径；

　　　w_w——冷却水的流速；

　　　ρ_w——水的密度；

μ_w——水的动力黏度;

c_w——水的比热容。

由于铜板温度未知,确定 h_w 后,可根据冷却水量与铜板的换热关系求得 ΔT_{wb}。

$$Q = h_w \Delta T_{wb} A = c_w I \Delta T_w$$

式中　I——冷却水的流量;

　　　ΔT_{wb}——冷却水的进出口温差;

　　　A——结晶器的有效换热面积。

于是:

$$\Delta T_{wb} = \frac{c_w I}{h_w A} \Delta T_w \qquad (8-19)$$

将式 8-19 代入式 8-16 得:

$$
\begin{aligned}
e(z) &= \frac{1}{\rho L v} \int_0^z \left[h_w \Delta T_{wb} - h_t \Delta T_t \right] dz \\
&= \frac{1}{\rho L v} \left[\frac{cI}{A} \Delta T_{wz} - \frac{4}{3} \rho c w \left(\frac{c\mu}{\lambda} \right)^{-\frac{2}{3}} \left(\frac{w\rho}{\mu} \right)^{-\frac{1}{2}} \Delta T_{tz}^{\frac{1}{2}} \right]
\end{aligned}
$$

整理得:

$$e(z) = \frac{z}{\rho L v} \left[\frac{cI}{A} \Delta T_w - 2 h_t \Delta T_t \right] \qquad (8-20)$$

式 8-20 给出了坯壳厚度与冷却水的流量和拉坯速度的关系,并包含了钢流对坯壳的冲击速度及钢水过热度的影响。在拉坯速度一定的情况下,已知冷却水的流量,便可确定坯壳在结晶器的任一水平层的厚度,反之亦然。

8.4.3　计算实例

以某钢厂连铸机为例,铸坯尺寸为 250 mm,拉坯速度 v 为 1.4 m/min。冷却水量按铸坯断面周长和冷却强度确定。即:

$$I = 2(W + D) C_k$$

式中　W——铸坯宽度;

　　　D——铸坯厚度;

　　　C_k——结晶器的冷却强度。

依经验可取: $C_k = 2$ L/(min·mm),因此,$I = 6600$ L/min,钢在高温下的物理参数为: $\rho = 7.0 \times 10^3$ kg/m^3; $c = 0.77$ kJ/(kg·K); $\mu = 455 \times 10^{-3}$ kg/(m·s); $\lambda = 24$ W/(m·K); $L = 210$ kJ/kg。

另外,在一般浇铸工艺下,钢液对坯壳的冲击速度在 0.4~1.2 m/s 之间。本例取 $w = 0.6$ m/s。将以上参数代入式 8-17 得:

$$h_t = 9.021 \times 10^3 \text{ W/(m}^2 \cdot \text{K)}$$

对于该钢厂连铸机结晶器的冷却水,进出口温度差 $\Delta T_w = 8$℃,钢水过热度 $\Delta T_t = 30$℃,有效换热面积 $A = 2.64$ m^2。由式 8-20 得结晶器出口处即 $z = 0.8$ m 时的坯壳厚度为:

$$e_t = 13.24 \text{ mm}$$

而传统的凝固平方根定律为:

$$e(z) = K\sqrt{t} = \sqrt{\frac{z}{v}} \qquad\qquad (8-21)$$

式中　K——凝固系数。

宝钢连铸机取 $K = 20$ mm/min$^{0.5}$,由式 8-21 可得结晶器出口处坯壳厚度为:

$$e'_t = 15.12 \text{ mm}$$

该结果与式 8-20 计算结果的相对误差为:

$$\frac{e'_t - e_t}{e'_t} = 12.43\%$$

可见,以上采用的方法是可靠的。图 8-9 所示为不同的拉坯速度 v 时结晶器出口处坯壳厚度 e_t 与冷却强度 C_k 的关系曲线。图 8-10 所示为给定冷却强度 C_k 时结晶器出口处坯壳厚度 e_t 与拉坯速度的关系曲线。

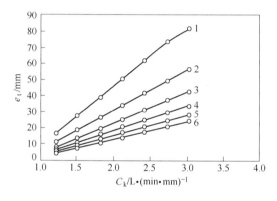

图 8-9　坯壳厚度与冷却强度的关系　　　　　　图 8-10　坯壳与拉坯速度的关系
1—$v = 0.4$ m/s; 2—$v = 0.6$ m/s;3—$v = 0.8$ m/s;
4—$v = 1.0$ m/s; 5—$v = 1.2$ m/s; 6—$v = 1.4$ m/s

利用固—液相界面的斯蒂芬凝固定律直接推导了结晶器内任一水平层(包括出口处)的坯壳厚度表达式。计算结果与传统的凝固平方根定律是相吻合的。而平方根定律中的凝固系数是完全由实验及经验所得到的,与结晶器的冷却强度及铸坯断面的关系不明确。本节采用比较严密的数学推导,所得到的坯壳 $e(z)$ 的表达式不仅与冷却强度及拉坯速度有关,而且还与钢流对坯壳的冲击及钢水过热度有关。其物理意义明确,计算结果可靠。利用本章的方法可以验证和确定凝固系数。另外,在保证结晶器出口处坯壳具有一定厚度的情况下,可根据本章方法合理地确定其冷却强度及拉坯速度,以使铸坯在进入二冷区时具有足够的强度来承受相应的热应力与机械应力。

9 二冷区的热交换

9.1 二冷区热平衡

9.1.1 二冷区传热

由连铸机热平衡可知,钢的凝固潜热不能在结晶器内全部释放出来,铸坯带着液相穴进入二冷区承受喷水冷却。铸坯在二冷区冷却的要求是:

(1) 在矫直点(对弧形连铸机)铸坯全部凝固;

(2) 铸坯表面温度分布要均匀;

(3) 铸坯接受喷水冷却效率要高。

上述基本要求直接影响铸机产量和铸坯质量(内部裂纹和表面裂纹)。在其他工艺条件相同时,它强烈受二冷区喷水冷却控制。如 250 mm × 1500 mm 断面板坯,冶金长度为 20 m 时,二冷区的冷却强度对连铸机生产率的影响是:

冷却方式	拉坯速度/m · s^{-1}	生产率/t · h^{-1}
铸坯仅靠辐射	0.7	100
$h = 418$ W/(m^2 · K)	1.0	150
$h = 626$ W/(m^2 · K)	1.15	170
铸坯浸水冷却	2.0	310

可见,二冷喷水强度对连铸机生产率有很大影响。

铸坯在二冷区约有 210 ~ 294 kJ/kg 的热量被水带走,铸坯才能全部凝固。铸坯通过传导把热量从中心传到表面,由于喷水冷却,铸坯表面温度突然降低,表面和中心形成了较大的温度梯度,这是铸坯冷却的动力。那么,铸坯的热量是如何被冷却水带走的呢? 根据热平衡估算,板坯在二冷区的传热方式(见图 9-1)是:冷却水蒸发带走热量 33%,铸坯表面辐射热为 25%,铸坯与支承辊接触传导传热为 17%。

对于方坯,由支承辊带走的热量不如板坯大。在设备和工艺条件已定时,铸坯辐射传热和支承辊的传热基本上变化不大,而冷却水的传热还是主要的。因此,要提高二冷区的传热效率,就必须研究喷雾水滴与铸坯之间的热交换。

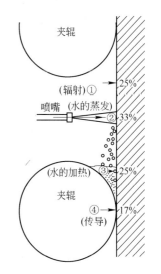

图 9-1 二冷区铸坯传热方式

9.1.2 喷雾水滴与铸坯的热交换

从喷嘴喷出的水滴以一定速度打到铸坯面上,为了解传热状态,必须研究水滴与铸坯间的传热行为。

（1）把水滴喷射到预先加热至一定温度的工件表面上，用水滴带走的热量与水滴全部蒸发热量之比来表示冷却效率。

$$\varepsilon = \frac{Q}{M\Delta H} \tag{9-1}$$

式中　Q——喷水带走的热量；

　　　M——喷水量；

　　　ΔH——水的蒸发潜热。

喷射水滴与高温物体表面的传热行为如图 9-2 所示。由图可知：

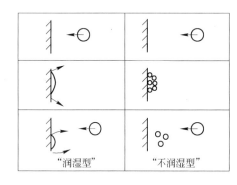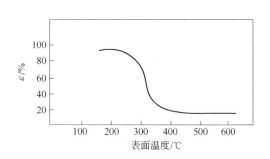

图 9-2　水滴对物体表面冷却的曲线

1）若物体表面温度 $T_s < 300℃$，水滴与表面接触呈润湿性，水滴沿表面流走，水滴的蒸发不会影响水滴与表面接触，因而冷却效率高；

2）若物体表面温度 $T_s > 300℃$，水滴打击到表面后爆炸，部分水蒸发，在高温表面形成了汽膜，水油离开表面而凝聚，此时水滴与表面不润湿，冷却效率低。如水滴打在高温表面的速度增大，冷却效率就增加。试验指出，当水滴速度由 2.4 m/s 提高到 10 m/s 时，冷却效率由 3% 增加到 20%。水滴速度大于 4 m/s 时，水滴直径对冷却效率无明显影响。

（2）喷嘴把水喷到被加热到 1200℃ 的 ϕ10 mm 圆柱体表面上，在试样中心区域导出的热流与表面温度关系如图 9-3 所示。由图可知：

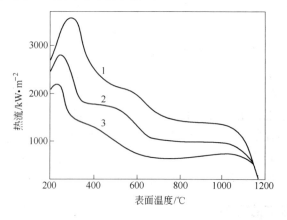

图 9-3　表面温度与热流的关系

1—4.95 L/(m² · s)；2—3.3 L/(m² · s)；3—1.65 L/(m² · s)

1）当 $T_s < 300℃$ 时，热流随 T_s 增加而增加，此时为对流传热。

2）当 $300℃ < T_s < 700℃$ 时，热流随 T_s 增加而减少。在高温表面有蒸汽膜，为膜态沸腾的过渡区；

3）当 T_s 为 $700～900℃$ 时，导出热流与表面温度无关，而是随水流密度的增加而增加。表面形成的汽膜阻止了喷射水滴与表面接触，导致膜态沸腾。

因此，可以认为铸坯表面温度在 $1000～1300℃$，热流与表面温度不是直线关系。低温时铸坯表面处于过渡沸腾区，蒸汽膜破裂会引起热流增加；高温时铸坯表面温度形成稳定蒸汽膜，此时影响传热的主要因素是水流密度。

喷雾水滴带走高温铸坯的热流可表示为：

$$\phi = h(T_s - T_w) \tag{9-2}$$

式中　h——传热系数；

　　　T_s——铸坯表面温度；

　　　T_w——冷却水温度。

一般采用铸坯表面与冷却水之间的传热系数来表示二冷区冷却能力，h 大则传热效率高。图 9-4 所示为传热系数 h 与单位时间单位面积的冷却水量 W（水流密度）的关系，以经验公式表示：

$$h = AW^n \tag{9-3}$$

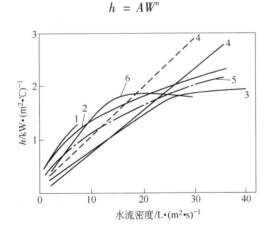

图 9-4　水流密度对传热系数 h 的影响
1—波尔；2—希格荷；3—左本太郎；4—米崔克尔；5—罗莎克；6—密树德

当 n 为 $0.5～0.7$，W 为 0.01 L/($cm^2 \cdot min$) 时，h 为 $581.5～1163$ W/($m^2 \cdot K$)[$500～1000$ kcal/($m^2 \cdot h \cdot K$)]。A，n 为常数，不同作者所得的 h 与 W 经验公式如下。

波尔和莫霍：

$$h = 0.423W^{0.556} \quad (1 < W < 7 \text{ L/}(m^2 \cdot s), 627℃ < T_s < 927℃)$$

$$h = 0.36W^{0.556} \quad (0.8 < W < 2.5 \text{ L/}(m^2 \cdot s), 727℃ < T_s < 1027℃)$$

希格荷：

$$h = 0.581 W^{0.451} \quad (1 - 0.0075T_w)$$

左本太郎：

$$h = 708 W^{0.75} T_s^{-1.2} + 0.116 (\text{kcal/}(m^2 \cdot h \cdot ℃))$$

$$(1.67 < W < 41.7 \, L/(m^2 \cdot s), 700℃ < T_s < 1200℃)$$

米崔克尔：

$$h = 0.0776 - 0.010 \, W \quad (0 < W < 20.3 \, L/(m^2 \cdot s))$$

罗莎克：

$$h = \frac{1.57 W^{0.55} (1 - 0.0075 T_w)}{\alpha}$$

式中, α 为与夹辊冷却有关的校正系数。

密树德：

$$h = W^n (1 - b T_w)$$

$0.08 \, L/(m^2 \cdot s) < W, 0.65 < n < 0.75, W = 10 \sim 10.3 \, L/(m^2 \cdot s), 0.005 < b < 0.008$

斯密特：

$$h = 1.57 W^{0.55} (1 - 0.0075 T_w)$$

康卡斯特：

$$h = 0.875 \times 5748 \times (1 - 0.0075 T_w) \times W^{0.451} \, (kcal/(m^2 \cdot h \cdot ℃))$$

在生产上常用比水量来表示二冷区冷却强度。比水量定义为：在单位时间内消耗的冷却水量与通过二冷区铸坯质量的比值，以 L/kg 表示。此值因钢种、铸坯尺寸而变化，一般为 0.5 ~ 2.5 L/kg。但严格来说，比水量不能表示二次冷却能力。因为单位时间通过的铸坯质量即使能表示被铸坯带走的热量，但由于没有考虑冷却面积，仍不能确切表示出实际被带走的热量。例如对厚度为 $2a$、宽度为 b 的铸坯和厚度只有 $a/2$、宽度为 $4b$ 的铸坯，用同样拉速和相同喷水量进行比较，两种铸坯在相同单位长度的面积相等，都是 $2ab$，两者的比水量也是相同的。但是两者的实际冷却效果却有很大差别，厚度小的铸坯完全凝固所需要的时间较短。因此，最好是用水流密度来表示铸坯的冷却能力。

二冷区喷水冷却是一个复杂的传热过程。喷水冷却效率可用拉坯方向铸坯表面温度变化和传热系数的变化来评价。

9.1.3　二次冷却水制定原则

从传热观点来看，提高二冷区冷却效率，就是要增加传热系数 h，迅速把铸坯内热量带走；从冶金质量观点来看，二冷区水量和分布是和铸坯质量有关的。因此，应从传热和冶金质量两方面综合考虑，选择合适的二冷制度。

二冷区喷水冷却铸坯凝固壳的导热为：

$$\phi = \frac{\lambda_m (T_1 - T_s)}{e}$$

凝固前沿放出的潜热为：$L_f \rho_m \dfrac{de}{dt}$。

凝固前沿放出的潜热等于凝固壳的传导传热：

$$L_f \rho_m \frac{de}{dt} = \frac{\lambda_m (T_1 - T_s)}{e}$$

积分得：

$$e = \sqrt{\frac{\lambda_m (T_1 - T_s)}{L_f \rho_m}} \cdot \sqrt{t}$$

$$e = K\sqrt{t} \tag{9-4}$$

式中　T_1——液相线温度;

　　　T_s——铸坯表面温度;

　　　λ_m——钢的导热系数;

　　　L_f——结晶器传热;

　　　e——凝固壳厚度;

　　　K——凝固系数,结晶器 K 为 20 ~ 25 mm/min$^{1/2}$,二冷区 K 为 20 ~ 25 mm/min$^{1/2}$;

　　　t——时间。

而凝固壳的传导热流是由喷射到铸坯表面的水滴带走的,即:

$$\frac{\lambda_m(T_1 - T_s)}{K\sqrt{t}} = h(T_s - T_w)$$

$$h \propto \frac{1}{\sqrt{t}}$$

而 h 是与冷却水量 Q 成比例的,所以:

$$Q \propto \frac{1}{\sqrt{t}}$$

而 $t = \dfrac{H}{v}$(H 为液相穴长度,v 为拉速),则:

$$Q \propto \frac{1}{\sqrt{\dfrac{H}{v}}}$$

也就是说,铸坯表面的热流或表面温度在二冷区从上到下是逐渐减少的,因而喷水量也应沿铸机高度从上到下递减。但严格地使冷却水量从上到下连续地递减,实际上很难实现,为了尽可能保持二冷区铸坯温度不要波动太大,对板坯连铸机二冷区分成若干冷却段(5 ~ 7 段),而在一个冷却段内保持相同的冷却水量(见图 9-5)。

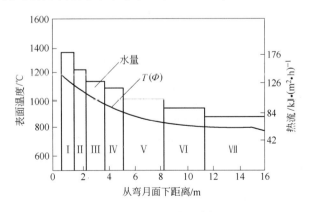

图 9-5　二冷区分段冷却

从铸坯质量考虑,二冷区冷却制度应根据钢种、钢的高温脆性曲线来决定。由图 9-6 可知,可分为三个延性区:

(1) 高温区(由 1300℃ 到固相线以下 50℃)。在此区,钢的高温塑性和强度明显降低

（伸长率为 0.2% ~ 0.3% ,强度为 0.49 MPa。）,特别是 S、P 等偏析元素的存在,在枝晶间析出液相薄膜,使钢的脆性增加。这是在固液界面容易产生裂纹的根本原因。

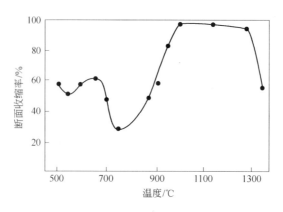

图 9-6　钢的高温脆性曲线

（2）中温区（1300 ~ 900℃）。在这个温度区间,钢处于奥氏体相变区,它的强度取决于晶界析出的硫化物、氧化物数量和形状。如析出物由枝状改变为球状,则可明显提高强度。

（3）低温区（900 ~ 700℃）。这个脆性区存在 $\gamma \rightarrow \alpha$ 的相变,且在晶界上有 AlN 和碳化物沉淀,使延性降低,加剧了裂纹的形成和扩展。

每一个钢种都有一条相应的脆性曲线。900 ~ 700℃是钢延性最低"口袋区"。钢的成分（如 Al、Nb、V）会使"口袋区"发生移动。对一般碳素钢,要求在矫直点前铸坯表面温度应避开"口袋区"。这是因为在 700 ~ 900℃时钢延性最低,发生了 $\gamma \rightarrow \alpha$ 的相变和 AlN 在晶界沉淀,加上在矫直时铸坯内表面产生了拉力,促使裂纹形成。因此,二冷区铸坯表面温度应控制在钢延性最高的温度区（900 ~ 1100℃）。这样,二冷制度的选择就有如下几种:

（1）"热行"。二冷区铸坯表面维持较高的温度,致使在矫直点前达到 900℃以上。此时宜采用弱冷。冷却水量一般为 0.5 ~ 1.0 L/kg。

（2）"冷行"。二冷区铸坯表面维持较低的温度。在 700 ~ 650℃进行矫直,从而避开脆性"口袋区"。此时宜采用强冷。冷却水量一般为 2 ~ 2.5 L/kg。

（3）"混行"。二冷区铸坯表面温度维持在一定的水平,出二冷区后坯壳温度回升,使铸坯矫直温度在"口袋区"以外（大于 900℃）。

实际生产中一般采用第一种冷却方案。

确定了总水量之后,根据表面温度的要求,要把水量合理分布在整个二冷区长度上。对于方坯,冷却水一般是均匀分布在二冷区长度上;对于板坯,二冷水的分配原则是从上到下水量逐渐减少。

9.1.4　喷淋水滴速度和喷嘴压力

研究表明,喷淋水滴与坯表面碰撞速度的高低对传热有很大影响。有人用高速摄影机拍摄了水滴碰撞坯表面上的全过程后发现,当水滴的韦伯数 $We > 80$ 时,水滴碰撞到坯表面以后铺展并分裂成若干个小水滴;当水滴的韦伯数 $We < 30$ 时,水滴在坯表面铺展开,加热后自身旋转,最后离开坯表面,面始终没有分裂;当水滴的韦伯数 We 为 30 ~ 80 时,水滴在

坯表面铺展后并不分裂,在自身旋转过程中才分裂。韦伯数可以用式 9-5 表示[11]:

$$We = \rho d w^2 / \sigma \tag{9-5}$$

式中　ρ——水滴密度,kg/m^3;

　　　d——水滴直径,m;

　　　w——水滴流速,m/s;

　　　σ——水滴表面张力,N/m。

水滴碰撞到铸坯表面后,若能够马上分裂成若干个小水滴,则可以增加水滴与铸坯的传热接触面积,也就可以提高传热效率。当水滴的密度、直径、表面张力确定之后,韦伯数与水滴流速的平方成正比,因此,可以确定,提高水滴碰撞铸坯表面的速度就能提高水滴的传热效率。

喷淋水在喷嘴的出口速度取决于管道中的压力。压力增加,喷淋水出口流速提高。

有人导出了在已知喷淋水出口流速和水滴直径的情况下,水滴在大气中运行的速度公式:

$$w = w_0 \exp[-0.33(\rho_g/\rho_0) z d v^2] \tag{9-6}$$

式中　w——水滴距喷嘴长为 2 m 时的流速,m/s;

　　　w_0——水滴在喷嘴出口时的流速,m/s;

　　　ρ_g——大气密度,kg/m^3;

　　　ρ_0——水滴密度,kg/m^3;

　　　z——测流速位置至喷嘴的距离,m;

　　　d——水滴直径,m;

　　　v——喷淋水流量,m^3/s。

9.2　连铸机辊子与铸坯传热的研究

辊子是连铸机的重要部件,但其寿命低、消耗量大,特别是矫直区的拉矫辊,平均寿命不足 1 年。损坏原因主要是辊子与铸坯接触过程中产生的不均匀温度场引起周期变化的热应力,使辊子发生热疲劳,产生裂纹,从而导致断裂。准确计算辊子的温度场是计算其热应力的前提。目前,计算温度场一般都是采用实测的第一类边界条件(即表面温度),但现有的测试手段很难十分准确地测出其表面温度,因而内部温度场的计算结果与实际情况出入较大。

由于辊子转动,外表面与铸坯连续接触,若将热电偶触点置于辊子外表面,会造成热电偶不同程度的磨损,使测量值波动很大,产生较大的误差。为此作者在距辊子表面 3 mm 处埋设热电偶,测得的温度值基本反映了该点的温度变化情况,然后根据辊子与铸坯的直接接触导热、辐射换热和对流换热的实际工作情况,推导其表面温度和综合传热系数,以及铸坯与辊子接触时的接触热阻。

9.2.1　实测温度

通过对某钢厂板坯连铸机拉矫辊(50 号)上辊进行现场测试(见图 9-7),测出距辊子外表面 3 mm 处的温度变化曲线如图 9-8 所示。

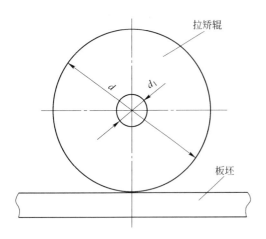

图9-7　拉矫辊工作示意图

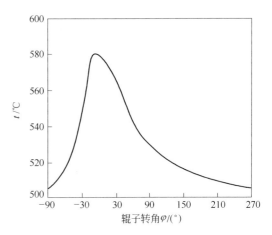

图9-8　实测距辊子外表面3mm处温度变化曲线

9.2.2　辊子的热载荷

辊子在工作中所受的热载荷有:辊子与铸坯接触区域的传导传热量 Q_1;辊子与铸坯间的辐射换热量 Q_2;辊子与周围空气的自然对流换热量 Q_3;辊子内孔与冷却水之间的受迫对流换热量 Q_4。考虑辊子的热平衡,有[12]:

$$Q_1 + Q_2 + Q_3 + Q_4 = 0 \tag{9-7}$$

9.2.2.1　辊子与铸坯间的传导传热量

辊子与铸坯接触区域的传导传热量是通过接触表面的接触热阻传到辊子内部。

由赫兹公式,铸坯与辊子接触宽度为:

$$B = 4\sqrt{\frac{rPl}{\pi E_s}}$$

式中　r——辊子半径;

　　　P——辊子与铸坯接触压力;

　　　l——辊距;

　　　E_s——坯壳的弹性模量。

因此,接触区域的传导传热量为:

$$Q_1 = \frac{t_0 - t_1}{R_0}BL = h_1(t_0 - t_b)BL \tag{9-8}$$

或　　　　　　　　　　$$Q_1 = \frac{t_0 - t_1}{\delta/\lambda}BL \tag{9-9}$$

式中　t_0, t_b——分别为铸坯及辊子表面温度;

　　　L——铸坯宽度;

　　　δ——辊子外表面与热电偶接触点的距离;

　　　λ——辊子导热系数;

　　　R_0——辊子与铸坯表面的接触热阻;

　　　h_1——辊子与铸坯接触区域的传热系数。

9.2.2.2 辊子与铸坯间的辐射换热量

由斯忒藩 - 玻耳兹曼定律可得,辊子与铸坯两表面间的辐射换热量为:[13]

$$Q_2 = \frac{C_0\left[\left(\dfrac{273 + t_0}{100}\right)^4 - \left(\dfrac{273 + t_b}{100}\right)^4\right]}{\dfrac{1 - \varepsilon_1}{\varepsilon_1 A_1} + \dfrac{1}{\varphi_{12} A_1} + \dfrac{1 - \varepsilon_2}{\varepsilon_2 A_2}} \tag{9-10}$$

式中　$\varepsilon_1, \varepsilon_2$——分别为铸坯及辊子的表面黑度;

A_1, A_2——分别为铸坯在两辊距之间的面积和辊子的表面积;

φ_{12}——铸坯对辊子的辐射角系数;

C_0——黑体的辐射系数。

辐射角系数可用代数法确定(见图 9-9),即:

$$\varphi_{12} = \frac{\overline{AD} + \overline{\overline{CD}} - \overline{\overline{AB}} - \overline{BC}}{\overline{AD}}$$

其中:

$$\overline{AD} = l$$

$$\overline{\overline{AB}} = \left(\frac{\pi}{2} - \alpha\right)\frac{d}{2}$$

$$\overline{\overline{CD}} = \left(\frac{\pi}{2} + \alpha\right)\frac{d}{2}$$

$$\overline{BC} = \sqrt{l^2 - d^2}$$

$$\alpha = \cot\frac{\sqrt{l^2 - d^2}}{d}$$

式中　d——辊子外径;

α——铸坯对辊子辐射面的夹角。

因此:

$$\varphi_{12} = 1 + \frac{d}{l}\cot\sqrt{\frac{1}{(d/l)^2} - 1} - \sqrt{1 - \left(\frac{d}{l}\right)^2} \tag{9-11}$$

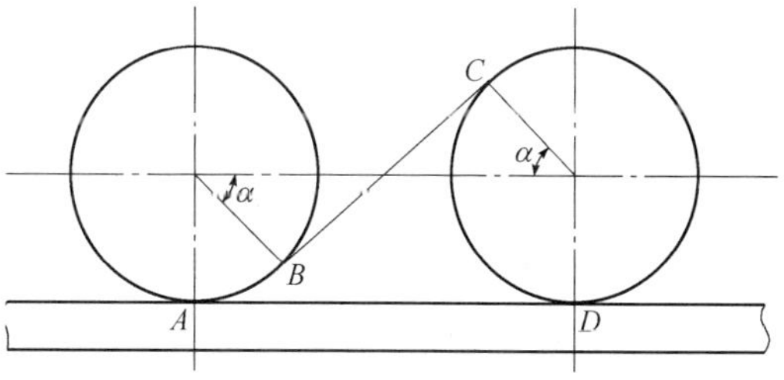

图 9-9　辐射角系数示意图

由于辊子表面温度比铸坯表面温度低得多,按四次方定律可知,辊子表面温度对辐射换热量的影响较小,所以可用实测($\delta = 3$ mm 处)的 t_s 代替 t_b,这样由式 9-10 就可求得铸坯对辊子的辐射换热量。

9.2.2.3 辊子与铸坯间的对流换热量

辊子外表面与空气自然对流换热量由牛顿对流换热公式得:

$$Q_3 = h_3(t_b - t_f)\pi dl \tag{9-12}$$

$$h_3 = \begin{cases} 1.34\left(\dfrac{t_b - t_f}{d}\right)^{\frac{1}{4}}（层流）\\[4mm] 1.48(t_b - t_f)^{\frac{1}{3}}（紊流） \end{cases} \tag{9-13}$$

式中　h_3——对流换热系数;

　　　t_f——环境温度。

由式 9-13 可知,t_b 的变化对 h_3 影响很小,所以可用 t_s 代替 t_b,求得 h_3。

9.2.2.4　辊子内孔与冷却水之间的受迫对流换热量

$$Q_4 = h_4(t_{b2} - t_{f2})\pi d_1 l \tag{9-14}$$

$$h_4 = 0.023\frac{\lambda}{d_1}Re_f^{0.8}Pr_f^{0.4} \tag{9-15}$$

式中　t_{b2}——辊子内孔壁温度;

　　　t_{f2}——冷却水平均温度;

　　　Re_f——水的雷诺数;

　　　Pr_f——水的普朗特数;

　　　d_1——辊子内孔直径。

辊子内孔冷却水的温度变化可视为线性变化,则水所吸收的热量为:

$$Q''_4 = w\frac{\pi d_1^2}{4}\rho c_p\frac{\Delta t}{2} \tag{9-16}$$

$$Q_4 = Q''_4 \tag{9-17}$$

式中　ρ——水的密度;

　　　w——冷却水流速;

　　　Δt——进、出口水的温差;

　　　c_p——水的比定压热容。

将式 9-16 代入式 9-14,可得辊子内孔壁的温度:

$$t_{b2} = t_{f2} + \frac{d_1 w\rho c_p}{8h_4 l} \tag{9-18}$$

9.2.3　辊子的热平衡

至此,Q_2、Q_3 和 Q_4 均可求出,由热平衡方程式 9-7 求得:

$$Q_1 = Q_3 + Q_4 - Q_2$$

这样,可求出接触区域辊子的外表面温度和传热系数 h 以及接触热阻分别为:

$$t_b = \frac{\delta}{\lambda Bl}Q_1 + t_s \tag{9-19}$$

$$h_1 = \frac{Q_1}{(t_0 - t_b)Bl} \tag{9-20}$$

$$R_0 = \frac{1}{h_1} \tag{9-21}$$

在一冷区,由于 l 与 d 相差不多,因此由式 9-11 得 $\varphi_{12} = 1$,即辊子背对铸坯的上半表面

辐射换热量很小,可忽略。在这一区域只有 Q_3,Q_3 应等于辊子表面与距表面 3 mm 间的导热量,即:

$$Q_3 = -Q''_3 = \frac{t_b - t_s}{\delta/(\lambda A_3)} = -\frac{\lambda \pi dl}{2\delta}(t_b - t_s) \tag{9-22}$$

将式 9-12 代入式 9-22,可得对流区域的外表面温度为:

$$t_b = \frac{1}{\frac{\lambda}{\delta} + h_3}\left(\frac{\lambda}{\delta}t_s + h_3 t_f\right) \tag{9-23}$$

在辊子面对铸坯的下半表面,既有辐射换热,又有对流换热。由于铸坯与辊子接触宽度很小,所以认为整个下半表面都有辐射和对流换热。

$$Q_2 - Q_3 = \frac{t_b - t_s}{2\delta/(\lambda A_2)} = \frac{\lambda \pi dl}{2\delta}(t_0 - t_s) \tag{9-24}$$

由式 9-10 和式 9-12 及式 9-24,可得该区域的表面温度为:

$$t_b = \frac{1}{\frac{\lambda}{\delta} + h_2 + h_3}\left[\frac{\lambda}{\delta}t_s + h_2 t_0 + h_3 t_f\right] \tag{9-25}$$

式中　h_2——综合传热系数。

综上所述,将辊子表面分成 4 个区域,即与铸坯直接接触的导热区域、面对铸坯的下半表面的辐射与对流换热综合传热区域、上半表面的对流换热区域、辊子内孔受迫对流换热区域。每个区域根据以上方法都能确定其传热系数和表面温度分布。

9.2.4　计算实例

某钢厂板坯连铸机(50 号)下驱动辊内径为 65 mm,外径为 420 mm,铸坯表面温度为 900℃,铸坯宽度为 1550 mm,内孔冷却水流速为 0.35 m/s,进出口水温差为 15℃,平均水温为 35℃。

9.2.4.1　铸坯与辊子的接触宽度

铸坯与辊子间的压力为 78400 N,则:

$$P = \frac{78400}{1550 L} = \frac{50.58}{L}$$

弹性模量取:

$$E_s = \frac{1528 - t_m}{1528 - 100} \times 9.8 \times 10^3$$

$$t_m = \frac{1}{2}(1528 + t_0)$$

式中　t_m——铸坯的平均温度。

取 $t_0 = 900℃$,则接触宽度为:

$$B = 4\sqrt{\frac{rPL}{\pi E_s}} = 8.06 \text{ mm}$$

9.2.4.2　辐射换热量

取 $\varepsilon_1 = 0.8$、$\varepsilon_2 = 0.52$、$A_1 = 1550 \times 450 \text{ mm}^2$、$A_2 = 0.5 \times 3.14 \times 420 \times 1550 \text{ mm}^2$,由式 9-11

可得：
$$\varphi_{12} \approx 1$$

用 t_s 代替 t_b，求得总的辐射换热量和综合传热系数为：
$$Q_2 = 31085 \text{ W}; \ h_2 = 82.15 \text{ W}/(\text{m}^2 \cdot \text{℃})$$

9.2.4.3　辊子与空气对流换热量

$$Gr \cdot Pr = \frac{g\beta\Delta t d^3}{v^3} Pr$$

式中　　β——空气热膨胀系数；

　　　　Gr——格拉晓夫数；

　　　　g——重力加速度。

取 $t_f = 50 \ \text{℃}$，则 $Gr \cdot Pr = 1.45 \times 10^{10}$，说明对流换热状态是紊流状态。由式 9-13 和式 9-12，用 t_s 代替 t_b，得总的对流换热量及对流换热系数为：
$$Q_3 = 7939 \text{ W}; h_3 = 9.7 \text{ W}/(\text{m}^2 \cdot \text{℃})$$

由式 9-23、式 9-25 确定辊子表面温度和辊子表面综合传热系数如图 9-10 和图 9-11 所示。

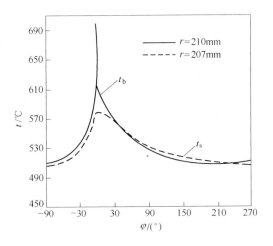

图 9-10　辊子表面温度分布曲线

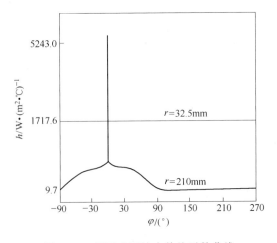

图 9-11　辊子表面综合传热系数曲线

9.2.4.4 辊子内孔冷却水的换热量

由式 9-16 得冷却水的换热量为:

$$Q_4 = 36247 \text{ W}$$

由式 9-15、式 9-18 得冷却水的对流换热系数及辊子内孔的表面温度为:

$$h_4 = 1717.6 \text{ W/(m}^2 \cdot \text{℃)}; t_{b2} = 101.67 \text{℃}$$

9.2.4.5 接触区辊子的表面温度

由热平衡方程 9-7 得:

$$Q_1 = Q_3 + Q_4 + Q_2 = 1310 \text{ W}$$

将其代入式 9-19、式 9-20 和式 9-21 得:

$$t_b = 701 \text{℃}; h_1 = 5243 \text{ W/(m}^2 \cdot \text{℃)}; R_0 = 0.191 \times 10^{-3} \text{m}^2 \cdot \text{℃/W}$$

以上计算结果表明,辊子面向铸坯侧的外表面温度高于距表面 3 mm 处的温度,这是由于辐射换热量大于对流换热量;背对铸坯侧的外表面温度低于距表面 3 mm 处的温度。这样,局部外表面温度低,特别是冷却水喷溅时,将会造成辊子在局部表面骤然冷却,由此会产生较大的温差和很大的拉应力,而局部外表面温度高处将产生一定的压应力。由于辊子周期转动,其表面出现拉、压应力交替变化状态,作者认为这是辊子外表面产生热疲劳和龟裂的原因之一。

从传热量的计算可知,辐射换热量大于传导传热量,所以在以往的计算中,忽略辐射影响是错误的。

根据距辊子表面 3 mm 处的实测温度,推导出辊子内、外表面不同区域的温度及传热系数,由此计算出的辊子的内部温度场较接近实际情况,从而为正确计算辊子内部的热应力提供了可靠的依据。计算结果能够正确解释辊子外表面的热疲劳及龟裂现象。

10　连铸坯温度场计算实例

10.1　实际计算工况

该计算实例以某钢厂 2250 mm 板坯连铸机为例,计算连铸坯在结晶器、二冷区及空冷等区域凝固过程和温度场变化情况,具体工艺参数为:钢种 SS400;结晶器长度 900 cm,有效长度为 800 cm;结晶器进出水温差 8℃;比水量 0.75 L/kg;宽面水量 3600 m/min;窄面水量 500 m/min;二冷区长度 34.5 m;铸坯截面尺寸 230 mm × 1600 mm;铸坯圆角半径 8 cm;拉坯速度 1.2 m/min;浇铸温度 1450℃。

根据对称性,取 1/2 铸坯横断面作为模拟对象。模型采用 4 节点平面单元对计算域进行离散化,本模型为二维非稳态模型,研究该模型从弯月面开始,铸坯向下运动过程建立时间与综合换热系数的关系。

10.2　数学模型的描述

10.2.1　导热微分方程

连铸坯冷却是传导、对流、辐射同时存在并伴随有相变的三维瞬态传热过程,其传热微分方程可以表示为:

$$\rho c_p \frac{\partial t}{\partial \tau} = \frac{\partial}{\partial x}\left(\lambda \frac{\partial t}{\partial x}\right) + \frac{\partial}{\partial y}\left(\lambda \frac{\partial t}{\partial y}\right) + \frac{\partial}{\partial z}\left(\lambda \frac{\partial t}{\partial z}\right) + Q \tag{10-1a}$$

在模拟铸坯的凝固过程中作如下假设:

(1)铸坯凝固过程,内部存在固相区、液相区和固液糊状区三个区域;

(2)计算不考虑偏析的影响;

(3)忽略拉坯方向上的纵向传热。

经理论计算,垂直方向散热量占总散热量的 3% ~ 6%,因此可以把三维传热模型简化为二维模型。温度场的计算可以在铸坯的横截面的二维平面上进行。传热为二维非稳态传热,传热方程简化为:

$$\rho c_p \frac{\partial t}{\partial \tau} = \frac{\partial}{\partial x}\left(\lambda \frac{\partial t}{\partial x}\right) + \frac{\partial}{\partial y}\left(\lambda \frac{\partial t}{\partial y}\right) + Q \tag{10-1b}$$

由于在连铸过程中存在两相区,因此对式 10-1b 进行处理可得:

(1) 在固相区和液相区可用式 10-2 计算。

$$\rho c_p \frac{\partial t}{\partial \tau} = \frac{\partial}{\partial x}\left(\lambda \frac{\partial t}{\partial x}\right) + \frac{\partial}{\partial y}\left(\lambda \frac{\partial t}{\partial y}\right) \tag{10-2}$$

铸坯在固相区和液相区有完全相同的凝固方程,唯一不同的是其导热系数不同,液相区的导热系数一般为固相区的 4 ~ 7 倍。在此过程中不考虑相变潜热,因为在铸坯的凝固过程中,相变潜热与凝固潜热相比小很多,所以方程内热源 $Q=0$。

（2）在固液两相区采用等效比热容的方式,物性参数随着温度的不同而不同。

$$\rho c_{\mathrm{eff}} \frac{\partial t}{\partial \tau} = \frac{\partial}{\partial x}\left(\lambda_{\mathrm{ls}} \frac{\partial t}{\partial x}\right) + \frac{\partial}{\partial y}\left(\lambda_{\mathrm{ls}} \frac{\partial t}{\partial y}\right) \qquad (10-3)$$

式中　c_{eff}——等价比热容,J/(kg·K);

　　　λ_{ls}——固液两相区的导热系数,W/(m·K);

　　　ρ——固液两相区的密度,kg/m³。

在讨论固液两相区传热时,由于固液两相区有凝固潜热的释放,因此存在微元体内单位时间生成热量 Q,即传热微分方程的内热源 Q 不等于0,对于凝固潜热的处理一般可采取热焓法、等效比热法、温度补偿法。式10-3通过等效比热法来计算铸坯内部的内热源。

10.2.2　初始条件及边界条件的确定

10.2.2.1　初始条件

以铸坯的浇铸温度为初始条件,这里取浇铸温度为1540℃,即 $t=0$ 时, $T=1540$℃。二冷区的初始温度为铸坯出结晶器时的温度场。

10.2.2.2　边界条件

A　结晶器内传热计算[14,15]

钢水在结晶器中冷却时,钢水传给结晶器铜板的热量被高速流动的冷却水带走,并形成足够厚度的坯壳。坯壳厚度以不发生漏钢,且出结晶器后足以抵抗钢水静压力的作用为原则。实际上,结晶器传出的热量就等于冷却水带走的热量。根据这一热平衡关系,即可计算出结晶器散热的平均热流密度为:

$$\bar{q} = \frac{Q_{\mathrm{w}} c_{\mathrm{w}} \Delta T_{\mathrm{w}}}{F} \qquad (\mathrm{a})$$

式中　$\bar{q}$——平均热流密度;

　　　Q_{w}——冷却水流量;

　　　c_{w}——水的比热容;

　　　ΔT_{w}——结晶器进出水温差;

　　　F——结晶器有效受热面积。

J. Savagc 等人在静止水冷结晶器内测定了热流密度与钢水停留时间的关系,得到:

$$q = 268.0 - B\sqrt{t} \qquad (\mathrm{b})$$

平均热流密度 $\bar{q}$ 与瞬时热流密度 q 的关系为:

$$\bar{q} = \frac{1}{t_{\mathrm{m}}} \int_{0}^{t_{\mathrm{m}}} q \mathrm{d}t \qquad (\mathrm{c})$$

式中　t_{m}——钢水在结晶器内的停留时间。

通过以上式（b）和式（c）可以求出 B 的值,得出瞬时热流密度与冷却时间的计算公式。

B　二冷区传热计算

从结晶器拉出来的铸坯只有一个薄的外壳,其中心仍为高温液体,在二冷区要对铸坯表面实施喷水或气雾冷却,以使铸坯继续散热、凝固。

水滴与铸坯表面之间的传热是一个复杂的传热过程,它受喷水强度、铸坯表面状态(表面温度、氧化铁皮)、冷却水温度和水滴运动速度等多种因素影响。空冷区主要为辐射传热,可用以下传热方程来描述:

$$q = h(T_b - T_w) \tag{10-4}$$

式中　h——综合换热系数;

　　　T_b——铸坯表面温度;

　　　T_w——冷却水温度。

一般采用铸坯表面与冷却水之间的传热系数来表示二冷区冷却能力,h 大则传热效率高。传热系数 h 与单位面积的冷却水量 W 的关系以经验公式表示:

$$h = AW^n \tag{10-5}$$

当 n 为 0.5～0.7,$W = 0.01$ L/(cm^2 · min)时,h 为 581.5～1163 W/(m^2 · K)。A 和 n 为常数,根据不同作者所得的 h 与 W 的经验公式为:

$$h = 423 W^{0.556} \qquad (1 < W < 7)$$
$$h = 360 W^{0.556} \qquad (0.8 < W < 2.5)$$
$$h = 581 W^{0.451} \qquad (W > 2.5)$$

式中　W——水流密度,L/(cm^2 · s)。

C　空冷区传热计算

出二冷区以后,铸坯在空气中冷却,热量主要以辐射方式散失,铸坯内外温度很快趋于均匀,随后逐渐降低。

在此区内,铸坯表面被空气冷却时,除了自然对流以外,主要靠辐射向外散热。其热流密度公式为:

$$q = \varepsilon\sigma\left[\left(\frac{T_b}{100}\right)^4 - \left(\frac{T_w}{100}\right)^4\right] \tag{10-6}$$

式中　ε——钢坯的黑度系数,取 0.7～0.8;

　　　σ——斯忒藩 - 玻耳兹曼常数,$\sigma = 5.67 \times 10^{-8}$ W/(m^2 · K^4)。

对于铸坯截面不同位置的加载条件可以表示如下。

(1)铸坯中心:

$$-\lambda\frac{\partial T}{\partial x}\bigg|_{x=0} = 0$$

对于铸坯的中心位置传热边界,可以认为是绝热边界。

(2)铸坯表面:

$$-\lambda\frac{\partial T}{\partial y}\bigg|_{y=-\frac{H}{2}} = q_1$$

$$-\lambda\frac{\partial T}{\partial y}\bigg|_{y=-\frac{H}{2}} = q_2$$

$$-\lambda\frac{\partial T}{\partial x}\bigg|_{x=\frac{D}{2}} = q_3$$

式中　H, D——分别为铸坯的厚度和长度;

q_1,q_2,q_3——分别为各面的热流密度。

10.2.3　物性参数的确定

10.2.3.1　比热容和导热系数的确定

由于 Marc 软件不能通过表格添加材料的密度,所以此处取材料的密度 ρ 为常数,$\rho =$ 7600 kg/m³,材料的比热容 c 和导热系数 λ 可以通过资料查得,也可由经验公式求得。

常温下碳素钢的导热系数(W/(m·℃))可根据经验公式 10-7 算出:

$$\lambda_0 = 69.8 - 10.1C - 16.7Mn - 33.7Si \tag{10-7}$$

对于液相区,流动的钢液的导热系数一般为静止钢液的 4~8 倍。

100℃以下至室温,钢的比热容(kJ/(kg·℃))可以按式 10-8 计算得出:

$$c_p = 0.4662 + 0.0191C \tag{10-8}$$

不同温度时的比热容和导热系数可以通过表格或者公式加到 Marc 软件当中。

10.2.3.2　凝固潜热的等效

Marc 采用两种方法处理潜热的影响:一种是给定一个狭小温度范围内比热容的连续变化来描述潜热,当时间步长足够小,而且实验采集数据足够多时,这种按比热容近似分析潜热的结果是可以接受的;另一种是假设潜热在产生相变的两相温度间均匀释放或吸收,需给定若干组温度和对应的潜热值。

用量热器测定一定质量的液体合金在凝固冷却过程的放热量,即可得到该合金的焓 H 与温度 T 的函数曲线。转换热焓法就是建立凝固过程中焓与温度的对应关系。热焓法主要特点是引入焓函数作为初始变量: $H = \int_{T_0}^{T} \rho c(T)\,\mathrm{d}T$,将能量方程表示为: $\dfrac{\partial H}{\partial t} = \Delta \cdot (k\Delta T)$ 。

在对过程进行求解时,先求得节点的焓值,并通过已知的焓与温度的关系,求得节点温度。

10.2.3.3　固、液相温度线的确定

SS400 钢种成分见表 10-1。

表 10-1　SS400 钢种成分

元　素	C	Mn	Si	P	S	Ni	Cr	Cu
含量/%	0.17	0.37~0.39	0.19	0.014	0.007	0.006	0.021~0.023	0.011~0.012

$$T_1 = 1536 - \{90[C\%] + 6.2[Si\%] + 1.7[Mn\%] + 28[P\%] + 40[S\%] +$$
$$2.6[Cu\%] + 2.9[Ni\%] + 1.8[Cr\%] + 5.1[Al\%]\} \tag{10-9}$$

$$T_s = 1536 - \{415.3[C\%] + 12.3[Si\%] + 6.8[Mn\%] + 124.5[P\%] +$$
$$183.9[S\%] + 4.3[Ni\%] + 1.4[Cr\%] + 4.1[Al\%]\} \tag{10-10}$$

通过固、液相线的计算公式和钢种成分可以得出,SS400 的固相线温度为 1455℃,液相线温度为 1515℃,可以直接输入到 Marc 当中自动求解。

铸坯的具体物性参数见表 10-2。

表 10-2　材料的物性参数

单元类型	4 节点四边形单元(Marc 中为 39 号单元)
单元分布	100×30
固态导热系数 λ_s	$54.7 - 0.0342t(t \geqslant 850℃)$
液态导热系数(λ_1)	$(4 \sim 7)\lambda_1$
密度 ρ	7600 kg/m^3
比热容 c	640 J/(kg·K)
固液相温度	$T_s = 1455℃$; $T_1 = 1515℃$
相变潜热	268000 J/kg
钢种	SS400
连铸坯尺寸	$1600 \text{ mm} \times 230 \text{ mm} \times 10000 \text{ mm}$

10.3　有限元计算结果

10.3.1　有限元网格的划分

假设连铸过程中温度在长度方向上均匀分布,对铸坯的横断面的温度进行模拟计算,铸坯冷却过程中上下表面的冷却水量不同,根据铸坯的对称性,取断面的 1/2 进行研究(即 800 mm × 230 mm),单元划分为 100 × 30 个,采用平面四节点单元(Marc 中 39 号单元),具体网格如图 10-1 所示[16,17]。

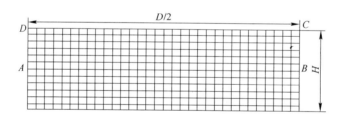

图 10-1　铸坯截面有限元网格划分

10.3.2　铸坯在结晶器中温降情况

使用 Marc 软件模拟连铸坯的温度分布情况,取铸坯宽度方向的一半为研究对象,以下为结晶器和二冷区的温度分布图。

初始温度:1540℃;模拟工步:50 步;模拟时间:40 s。

(1) 经过 40 s 以后的温度分布情况,即铸坯出铸机时的温度分布情况如图 10-2 所示。

(2) 取铸坯心部、侧面中部、边角部以及上表面中部四个点 A、B、C、D 为代表(见图 10-3),得出各点的温降曲线如图 10-3 所示。

(3) 铸坯出结晶器时的铸坯坯壳厚度分布情况如图 10-4 所示。最外层为铸坯坯壳厚度,大约为 22 mm 左右,符合铸坯凝固过程要求,中间为固液混合区,内部为液态区。

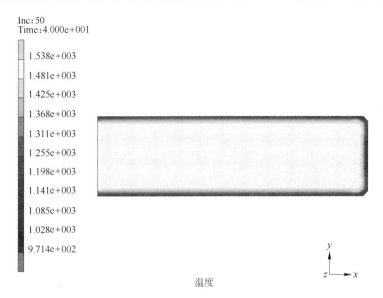

温度

图 10-2　铸坯出铸机时的温度分布图

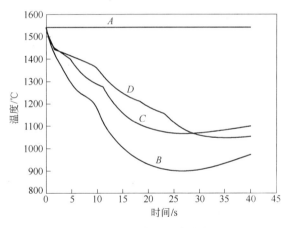

图 10-3　铸坯各点温降曲线图

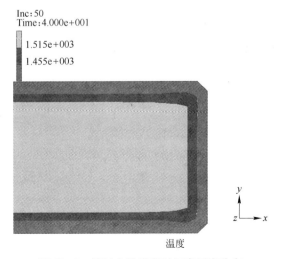

温度

图 10-4　铸坯出结晶器时坯壳厚度分布

10.3.3　铸坯出二冷区的温度分布情况

根据某厂实际的冷却水量,由不同的冷却水量采用不同区域不同的综合换热系数进行模拟计算,将二冷区分为 10 个区域进行研究,以下为二冷区中的温降过程。

其初始时刻的温度为出结晶器时的温度,将此温度作为初始条件对二冷区温度进行研究。

模拟工步:168 步(约 10 s/步);模拟时间:1686 s(约 28 min)。

(1) 从结晶器出来经过 952 s(约 16 min)以后完全凝固,可计算出其液芯长度为 19.84 m,此时温度分布情况如图 10-5 所示。

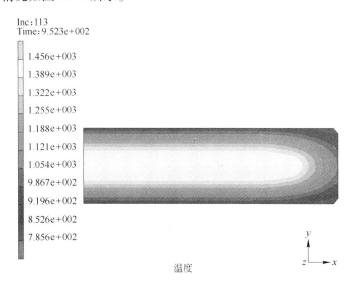

图 10-5　铸坯刚好完全凝固时的温度分布

(2) 经过 28.1 min 以后的温度分布情况,即出二冷区时的温度分布情况如图 10-6 所示。

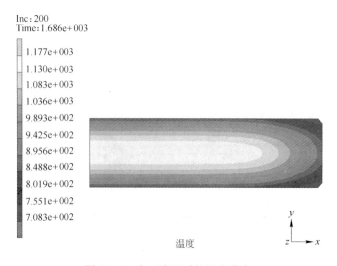

图 10-6　出二冷区时的温度分布

（3）二冷区段各点温降变化情况如图 10-7 所示。

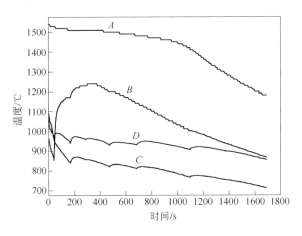

图 10-7 铸坯二冷区温降曲线

由图 10-7 可以看出，铸坯出二冷区时其表面温度、侧面温度以及边角部都已经完全凝固，而铸坯中心约经过 210 s 的时间到达液相线，经过大约 952 s 的时间铸坯达到固相线温度，即铸坯完全凝固。

10.3.4 实测值与模拟值的比较分析

连铸坯上表面中部位置模拟温度与实测温度曲线图如图 10-8 所示。

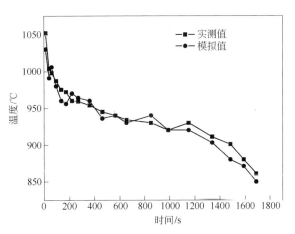

图 10-8 模拟值与实测值比较

从图 10-8 可以看出，模拟温度与实测温度之差最大为 22℃（在二冷区初始位置约 12 s 时），相对温差为 2.09%。在工程研究中这在允许误差范围内，所以以上模拟值可以作为热装过程中的初始条件。

10.3.5 铸坯的三维温度场分布云图

图 10-6 所示为铸坯出二冷区时的温度分布，将此温度场分布设为初始条件，将铸坯的二维温度场通过 Marc 模拟软件中的子程序功能（利用 FORTRAN 语言编译子程序）转换为

三维温度分布,即考虑连铸坯的首尾温差。

铸坯的三维温度分布云图如图 10-9 和图 10-10 所示。

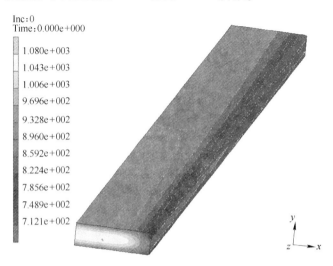

图 10-9　钢坯出二冷区三维温度分布云图(一)

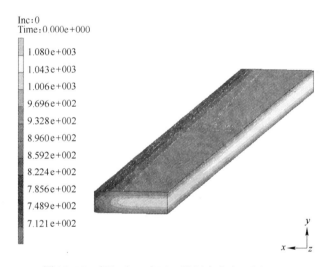

图 10-10　钢坯出二冷区三维温度分布云图(二)

以上构建了 230 mm × 1600 mm 规格的 SS400 铸坯在连铸过程中的温度场模型,对其温降过程进行了分析。在模拟过程中考虑了相变潜热和材料热物性参数在不同温度下的变化,以及铸坯上下表面不同的冷却水量对对流换热系数的影响。计算结果表明,铸坯出结晶器时的坯壳厚度为 22 mm 左右,结晶器出来经过 952 s(约 18 min)以后完全凝固,可计算出其液芯长度为 19.84 m,铸坯首尾温差为 40～50℃,出二冷区时表面最大温差为 210℃,铸坯中心约经过 210 s 的时间到达液相线,经过大约 952 s 的时间铸坯达到固相线温度,即铸坯完全凝固。

第三篇　热轧过程中热量传递

11　加热炉内热量传递

11.1　钢坯的加热过程

钢坯在轧制之前的加热,是钢坯的热加工过程中一个必要的环节。加热的目的是:

(1) 提高钢坯的塑性。钢坯在冷的状态下可塑性很低,为了改善钢坯的热加工条件,必须提高钢坯的塑性。一般说来,钢坯的热加工温度越高,可塑性越好。如高碳钢在常温的变形抗力约为 $6000~kg/cm^2$,这样在轧制时就需要很大的轧制压力,消耗很大的能量。如果将它加热到 $1200℃$,这时的变形抗力降低到大约 $300~kg/cm^2$,降为常温下的变形抗力的 $1/20$ 。所以钢的加热温度越低,加工所消耗的能量越大,轧机的磨损也越快,而且温度低还容易发生断辊事故。

(2) 使钢坯内外温度均匀。由于钢坯内外存在温度差,其内部产生应力,应力会造成轧材时出现废品或缺陷。通过均热使断面上温差缩小,可避免出现危险的热应力。

(3) 改变钢坯的结晶组织。连铸坯在连铸过程中会带来一些组织缺陷,例如高速钢中碳化物的偏析等,通过在高温下长时间保温,可以消除或减轻这类缺陷的危害。

钢坯加热的质量直接影响到轧材的质量、产量、能源消耗以及轧机寿命。正确的加热工艺可以提高钢坯的塑性,降低热加工时的变形抗力,按时为轧机提供加热质量优良的钢坯,保证轧机生产顺利进行。反之,如加热工艺不当,或者加热炉的工作配合不好,就会直接影响轧机的生产。例如加热温度过高,会发生钢的过热、过烧,轧制时就要造成废品;又如钢的表面发生严重的氧化或脱碳,也会影响钢的质量,甚至使钢报废。目前有的轧机不能充分发挥作用,往往是因为加热工艺这一环节薄弱。因此,制定正确的加热工艺制度,可以防止加热过程中可能出现的各种缺陷。而如果要制定正确的加热工艺制度,就必须了解钢坯在加热过程中温度场的变化情况。

11.2　钢坯的加热工艺制度

11.2.1　钢坯的加热温度与速度

11.2.1.1　钢坯的加热温度

钢坯的加热温度指钢坯加热完毕出炉时的表面温度。钢坯的轧制加热是为了获得良好的塑性和较小的变形抗力、合适的加热温度。应使钢坯获得最好的塑性和最小的变形抗力,因为这样有利于热加工,并可提高产量,减少设备磨损和动力消耗。

确定轧制的加热温度要依据固相线,因为过烧现象和钢坯的开始熔化有关。钢内如果有偏析、非金属夹杂,都会促使熔点降低。因此加热的最高温度应比固相线温度低 100～150℃。优质碳素结构钢在选择其加热温度时,除参考铁碳平衡图外,还应考虑钢材表面脱碳问题。为了使脱碳层在规定标准以下,应适当降低钢坯加热温度。

钢的加热温度不能太低,必须保证钢在压力加工的末期仍能保持一定的温度(即终轧温度)。由于奥氏体组织的钢塑性最好,如果在单相奥氏体区域内加工,这时钢坯的变形抗力小,而且加工后的残余应力小,不会出现裂纹等缺陷。这个区域对于碳素钢来说,就是在铁碳平衡图的 A_{c3} 以上 30～50℃,固相线以下 100～150℃的地方。根据终轧温度,再考虑钢在出炉和加工过程中的热损失,便可确定钢的最低加热温度。终轧温度对钢的组织和性能影响很大,终轧温度越高,晶粒集聚长大的倾向越大,奥氏体的晶粒越粗大,钢的力学性能越低。所以终轧温度也不能太高,最好在 850℃左右,不要超过 900℃,也不要低于 700℃。

合金元素的加入对钢的加热温度也有一定影响:一是合金元素对奥氏体区域的影响;二是生成碳化物的影响。

某些合金元素,如镍、铜、钴、锰,它们具有与奥氏体相同的面心立方晶格,都可无限量溶于奥氏体中,使奥氏体区域扩大,钢的终轧温度可以相应低一些,同时因为提高了固相线,开轧的温度(即最高加热温度)可以适当高一点。另一些合金元素,如钨、钼、铬、钒、钛、硅等,它们的晶格与铁素体相同,可以无限溶于铁素体中,它们的加入缩小了奥氏体区域,要保证终轧温度还在奥氏体单相区内,就要提高钢的最低加热温度。

另外,一些高熔点合金元素的加入,如钨、钼、铬、钒等与钢中的碳生成碳化物,碳化物的熔点很高,可以适当提高这类钢的加热温度。

低合金钢的加热温度主要依据含碳量的高低来确定。高合金钢的加热温度不仅要参照相图,还要根据塑性图、变形抗力曲线和金相组织来确定。

轧制工艺对加热温度也有一定要求。轧制的道次越多,中间的温度降落越大,加热温度应稍高。当钢的断面尺寸较大时,轧机咬入比较困难,轧制的道次必然多,所以对断面较大或咬入困难的钢锭或钢坯,加热温度要相应高一些。加工方法不同,加热温度也不一样。多数薄板虽然是低碳钢,但加热温度一般不能超过 950℃,厚板坯可适当高一点。又如硅钢片板坯,因为要求板坯在加热过程中脱碳,以增加钢的韧性,所以有意识地适当提高其加热温度,可达 1100℃左右。

11.2.1.2　钢坯的加热速度

钢坯的加热速度是指在单位时间内钢坯的表面温度升高的度数,单位为℃/h 或℃/min,有时也用单位时间内加热钢坯的厚度(mm/min)或单位厚度的钢坯加热所需要的时间(min/mm)来表示加热速度。

从生产率的角度来说,希望加热速度愈快愈好,而且加热的时间短,钢坯的氧化烧损也减少。但是提高加热速度受到一些因素的限制,除了炉子供热条件的限制外,特别要考虑钢坯内外允许温度差的问题。

钢在加热过程中,由于钢坯本身的热阻,不可避免地存在内外的温度差,表面温度总比中心温度升高得快,这时表面的膨胀要大于中心的膨胀。这样表面受压力而中心受张力,于是在钢的内部产生了热应力。热应力的大小取决于温度梯度的大小,加热速度越快,内外温差越大,温度梯度越大,热应力就越大。如果这种应力超过了钢的破裂强度极限,钢的内部就要产生裂纹,所以加热速度要限制在应力所允许的范围之内。

但是,钢中的应力只是在一定温度范围内才是危险的。多数钢在550℃以下处于弹性状态,塑性比较低。这时如果加热速度太快,温度应力超过了钢的强度极限,就会出现裂纹。温度超过了这个温度范围,钢就进入了塑性状态,对低碳钢来说,可能更低的温度就进入塑性范围。这时即使产生较大的温度差,也将由于塑性变形而使应力消失,因而不致造成裂纹或折断。因此,温度应力对加热速度的限制主要是在低温(500℃以下)时。

除了加热时内外温度差所造成的热应力之外,铸坯在冷凝过程中,由于表面冷却得快,中心冷却得慢,也要产生应力,称为残余应力。其次,钢坯的相变常常伴有体积的变化,也会造成不同部位间的内应力,称为组织应力。实践表明,单纯的温度应力往往还不致引起钢坯的破坏。大部分破坏是由于铸坯在冷凝过程中产生了残余应力,而后加热时又产生了温度应力,这种温度应力的方向与残余应力的方向一致,增大了铸坯的内应力,增加了应力的危险性。所以,不能笼统地认为轧制时出现的裂纹缺陷都是由于加热过程中温度应力造成的。

11.2.2　钢坯的加热制度与时间

11.2.2.1　钢坯的加热制度

正确选择钢坯的加热工艺,不仅要考虑钢坯的加热温度是否达到了出炉的要求,还应考虑断面上的温度差,即温度的均匀性,以及钢坯的加热制度和钢坯的尺寸大小、温度状态、炉子的结构和物料在炉内的布置等因素。

按炉内温度的变化,钢在压力加工前和热处理时的加热制度可以分为一段式加热制度、二段式加热制度、三段式加热制度和多段式加热制度。

A　一段式加热制度

一段式加热制度(也称一期加热制度)是把钢料放在炉温基本上不变的炉内加热。在整个加热过程中,炉温基本上保持一定,而钢的表面向中心的温度逐渐上升,达到所要求的温度。加热不分阶段,所以称为一段式加热制度。这种加热制度的温度与热流的变化如图11-1所示。

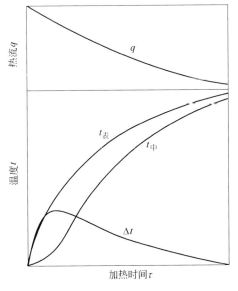

图11-1　一段式加热制度

这种加热制度的特点是炉温和钢料表面的温差大,所以加热速度快,加热的时间短。

这种温度制度下,不必分钢的应力阶段,没有预热期,也不需要进行均热的时间;整个加热过程炉温保持一定,炉子的结构和操作也比较简单。缺点是废气温度比较高,热利用率较差。

这种加热制度适用于一些断面尺寸不大、导热性好、塑性好的钢料,如钢板、薄板坯的加热,或者是热装的钢料,因为它不会产生危险的温度应力。

一段式加热制度的加热时间计算可以采用不稳定态导热第三类边界条件的解法。

B 二段式加热制度

二段式加热制度(也称二期加热制度)是使钢坯先后在两个不同的温度区域内加热,有时是由加热期和均热期组成(见图11-2),有时是由预热期和加热期组成。

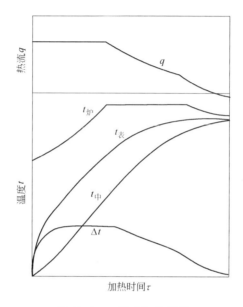

图 11-2 二段式加热制度

由加热期和均热期组成的二段式加热制度,是把铸坯直接装入高温炉膛进行加热,加热速度快。这时铸坯表面温度上升快,而中心温度上升得慢,铸坯断面上的温差大。为了使断面温度趋于均匀,需要经过均热期。在均热阶段,铸坯表面温度基本保持一定,而中心温度不断上升,使表面与中心的温度差逐渐减小而趋于均匀。这种温度制度的特点是加热速度快,最后断面上温度差小,但出炉废气温度高,热的利用率低。通常冷装或低温热装的低碳钢钢坯及热装的合金钢钢坯、一些导热性差的钢适用于先在预热段加热,温度应力小,待温度升高进入钢的塑性状态后,再到高温区域进行快速加热。这种加热制度由于没有均热期,最终不能保证断面上温度的均匀性,所以不宜用于加热断面大的钢坯。

二段式加热所需的总时间可按加热期和均热期分别计算。加热期通常采用不稳定态导热第三类边界条件的解,均热期可以用第一类边界条件的第二种情况下的解,即开始时钢坯内部温度分布呈抛物线,在均热时表面温度不变。

C 三段式加热制度

三段式加热制度(也称三期加热制度)是把钢料放在三个温度条件不同的区段(或时

期)内加热,依次是预热段、加热段、均热段(或称应力期、快速加热期、均热期)。图 11-3 所示为这种加热制度的温度与热流变化曲线。

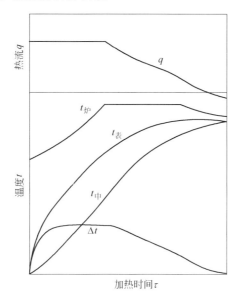

图 11-3 三段式加热制度

这种加热制度是比较完善的加热制度,它综合了以上一段式和二段式加热制度的优点。钢坯首先在低温区域进行预热,这时加热速度比较慢,温度应力小,不会造成危险。等到钢坯中心温度超过 500℃ 以后,进入塑性范围,这时就可以快速加热,直到表面温度迅速升高到出炉所要求的温度。加热期结束时,钢坯断面上还有较大的温度差,需要进入均热期进行均热。此时钢坯的表面温度基本不再升高,而中心温度逐渐上升,缩小了断面上的温度差。

三段式加热制度既考虑了加热初期温度应力的危险,又考虑了中期快速加热和最后温度的均匀性,兼顾了产量和质量两方面。在连续加热炉上采用这种加热制度时,由于有预热段,出炉废气温度较低,热能的利用较好,单位燃料消耗低。加热段可以强化供热,快速加热减少了氧化与脱碳,并保证炉子有较高的生产率。所以对于许多钢料的加热来说,这种加热制度是比较完善与合理的。

这种加热制度可用于加热各种尺寸冷装的碳素钢坯及合金钢坯,特别是高碳钢、高合金钢,在加热初期必须缓慢进行预热。

三段式加热制度的加热时间要按各期分别进行计算。

以上所说的加热制度,无论是一段式、二段式还是三段式加热制度都是指温度与热流随时间的变化而言的。但在连续式加热炉中,随时间变化的“段”的概念恰好与连续式加热炉沿炉长分段的概念相吻合,两者有区别也有联系。为了区分这两个不同的概念,一些文献资料中对加热制度不称“段”,而称“期”,但习惯上连续式加热方式仍多沿用某段式加热制度的叫法。一些现代化的大型连续式加热炉,从炉型结构上尽可以分成许多段,如预热段、第一上加热段、第二上加热段等,往往只是增加了加热段供热的地点,但从加热制度的观点上来说,仍属于三段式加热制度。

D　多段式加热制度

多段式加热制度用在某些钢料的热处理工艺中,包括几个加热、均热(保温)、冷却期。

热处理过程中为了相变的需要,必须改变加热速度,或在过程中增加均热保温的时间。图11-4所示为多段式加热制度的例子。

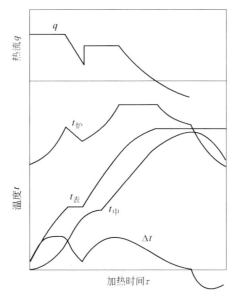

图 11-4　多段式加热制度

11.2.2.2　钢坯的加热时间

钢坯的加热是不稳定态传导传热,第3章所讨论的不稳定态传导传热三种边界条件下的解,都可以用来解决钢坯加热时间的计算。这种经典的解法,至今不仅具有理论上的意义,在解决实际问题时也有价值。但是由于炉内传热条件变化相当大,温度场、黑度场并不都是均匀的,所以计算还要把经验公式和实际资料结合起来。

计算钢坯的加热时间,首先要区别被加热物在一定加热条件下属于"薄板"还是"厚板"。在第3章中已指出,区分薄板与厚板的指标不是只看物体的几何尺寸的厚薄,而是根据毕渥数 Bi 的大小,毕渥数小于0.1的板料,被视为薄板,毕渥数大于0.1的为厚板。已知毕渥数 $Bi = \alpha_\Sigma S / \lambda$。如果 Bi 的值大,意味着外部向表面的传热强,则表面与中心的温度差大,这时即使坯料的几何尺寸不大,也被视为厚板。反之,如 Bi 的值小,则表示内部的热传导快,此时表面与中心的温度差小,从传热的观点看,这种材料就属于薄板。所以 Bi 值的确定不仅与物体的几何尺寸(S 或 R)有关,还与物体的导热系数(λ)及外部给热条件(α_Σ)有关。因此同样一个物体,当它在低温介质中慢慢加热(α_Σ 值小)时,可以当作是薄板;而在高温介质中加热(α_Σ 很大)时,又可当作是厚板。厚与薄在这里不是一个几何概念,主要是看表面与中心的温度差。

第1章按三类边界条件解出的结果及图表都适用于厚板加热。薄板的加热问题比较简单,因为薄板断面上的温度差可以忽略不计,即导热系数 λ 可视为等于 ∞。

薄板加热计算这一课题是由斯塔尔克解决的。反映薄板加热的微分方程式为:

$$q_{gwm} A d\tau = MC dt \tag{11-1}$$

式中,等号左边是在单位时间 $d\tau$ 内物体从炉内得到的热量;右边是物体得到热量后内部熔的增加;M 为物体的质量;C 为平均热容;dt 为温度的变化。式 11-1 可以变形为:

$$\mathrm{d}\tau = \frac{MC}{q_{\mathrm{gwm}}A}\mathrm{d}t \tag{11-2}$$

由于 $q_{\mathrm{gwm}} = h_\Sigma(t_炉 - t)$，把它代入式 11-2，得：

$$\mathrm{d}\tau = \frac{MC}{h_\Sigma A} \cdot \frac{\mathrm{d}t}{t_炉 - t} \tag{11-3}$$

设 C 和 h_Σ 不随时间和温度而变，对式 11-3 进行积分：

$$\int_0^\tau \mathrm{d}\tau = \frac{MC}{h_\Sigma A}\int_{t'}^{t''}\frac{\mathrm{d}t}{t_炉 - t}$$

$$\tau = \frac{MC}{h_\Sigma A}\ln\frac{t_炉 - t'}{t_炉 - t''} \tag{11-4a}$$

式中　t', t''——分别为钢坯加热开始和终了的温度，℃。

钢坯的质量与受热面积之比，也可以写为：

$$\frac{M}{A} = \frac{As\rho}{AK} = \frac{s\rho}{K} \tag{11-4b}$$

式中　s——透热深度，单面加热的平板，透热深度等于厚度；双面加热的平板，透热深度等于厚度的一半；长圆柱的透热深度等于半径；

　　　ρ——钢坯的密度，$\mathrm{kg/m^3}$；

　　　K——形状系数，对于平板，$K=1$；对于圆柱，$K=2$；对于球体 $K=30$。

将式 11-4b 代入式 11-4a，得：

$$\tau = \frac{s\rho C}{Kh_\Sigma}\ln\frac{t_炉 - t'}{t_炉 - t''} \tag{11-5}$$

式 11-5 一般称为斯塔尔克公式。这种忽略了物体内部温度梯度的加热（或冷却）过程称为牛顿加热（或冷却）。

式 11-4a 和 11-5 中的 h_Σ 是对流传热系数形式的综合传热系数，其数值可根据第 5 章所给有关公式计算。在近似计算中，钢在煤气加热的连续加热炉内加热可以采用以下经验公式：

$$h_\Sigma = 58.2 + 0.35(t_炉 - 700) \tag{11-6}$$

11.3　炉内的热交换分析

从热工的角度出发，提高炉子生产率就是要强化炉膛热交换。

在不同类型的炉子里，辐射传热和对流给热所占的比重不同。在连续加热炉中，炉温都在 1200℃ 以上，辐射传热占主导地位，对流给热占的比重很小。

11.3.1　炉膛内部传热分析

钢坯在炉膛辐射热交换中所得到的热量见式 11-7：

$$Q_{\mathrm{m}} = C_{\mathrm{gwm}}\left[\left(\frac{T_{\mathrm{g}}}{100}\right)^4 - \left(\frac{T_{\mathrm{m}}}{100}\right)^4\right]A_{\mathrm{m}} \tag{11-7}$$

式中　　　C_{gwm}——炉气、炉壁对钢坯传热的导来辐射系数；

　　　　　A_{m}——钢坯的受热面积；

$\left(\dfrac{T_g}{100}\right)^4 - \left(\dfrac{T_m}{100}\right)^4$——炉气与钢坯的四次方平均温度差,又称平均辐射温压。

凡是能够提高钢坯差额热量 Q 的措施,就可以提高炉子生产率。下面分别分析导来辐射系数、钢坯受热面积和平均辐射温压对差额热量 Q 的影响。

11.3.1.1　导来辐射系数 C_{gwm}

根据式 11-7:

$$C_{gwm} = \frac{5.67\varepsilon_g\varepsilon_m\left[1 + \varphi(1 - \varepsilon_g)\right]}{\varepsilon_g + \varphi(1 - \varepsilon_g)\left[\varepsilon_m + \varepsilon_g(1 - \varepsilon_m)\right]} \tag{11-8}$$

可知导来辐射系数是钢坯温度 ε_m、炉气黑度 ε_g 和炉壁对钢坯角度系数 φ 的函数。

钢坯表面的黑度代表钢坯表面对于辐射能的吸收能力和辐射能力,它和材质与表面状态有关。在加热炉内加热的钢料,一般表面都有氧化铁皮,它的黑度可以近似地认为是常数,取 ε_m 为 $0.75 \sim 0.85$;合金钢特别是不锈钢、耐热钢,表面氧化较轻,钢坯表面的黑度可以取低值。钢坯的黑度是不可以控制的因素,也无法通过它去影响炉子的产量。

炉气黑度对 C_{gwm} 的影响。在 ε_g 为 0.4 以下时,随炉气黑度的增长,导来辐射系数明显增加;但是炉气黑度超过 0.4 以后,ε_g 对 C_{gwm} 的影响越来越小。一般炉子条件下,烧天然气、重油、烟煤时都是辉焰,所以不必考虑如何提高炉气黑度去影响炉膛热交换。

角度系数 φ 对 C_{gwm} 的值也是有影响的,这一影响在炉气黑度等于 $0.1 \sim 0.5$ 的范围内更为明显。由以前的讨论可知 $\varphi = A_m/A_w$,φ 的值越小,C_{gwm} 的值越大,意味着单位时间内钢坯获得更多的辐射热量。但 φ 减小,表示受热面积 A_m 相对于炉壁面积 A_w 的值小,好比在一个大的炉膛里只有少量钢坯在加热,C_{gwm} 增大了,加热时间可以缩短,但炉子单位生产率却降低了。另一方面,φ 的变小也可以通过增大 A_w 来实现,具体说也就是提高炉膛高度。但这必须在保证炉气充满炉膛的前提下才是正确的,否则会带来相反的效果。实际上 φ 的变化是有一定限度的,一般加热炉,φ 为 $0.3 \sim 0.5$。

11.3.1.2　钢坯受热面积 A_m

在其他条件一定的情况下,钢坯受热面积越大,差额热量 Q 的值就越大。增大钢坯受热面积是提高炉子生产率的重要途径。例如步进式炉钢坯之间留有适当空隙,这些都是增大钢坯受热面积的措施,对提高炉底强度有直接影响。

11.3.1.3　平均辐射温压 $\left(\dfrac{T_g}{100}\right)^4 - \left(\dfrac{T_m}{100}\right)^4$

在炉气温度与钢坯温度都是固定值时,问题比较简单。实际上炉气温度与钢坯温度都是变化的,不沿炉长而变,因此有个取平均值的问题。对于高温炉来说,它是影响差额热量最重要的因素,因为提高炉气温度将使辐射给热量按四次方成比例增加。在其他条件一定的情况下,提高炉气温度是强化热交换过程、提高炉子生产率最主要的途径。

对于连续式加热炉,这类炉型炉气温度和钢坯温度都随炉子长度而变化。炉气与钢坯逆向运动,沿炉子长度上辐射温压是变化的。在这种情况下,平均辐射温压就是炉子长度上辐射温压的平均值,可用数学关系式表示如下:

$$\frac{\displaystyle\int_L\left[\left(\frac{T_g}{100}\right)^4 - \left(\frac{T_m}{100}\right)^4\right]dL}{L}$$

　　钢坯入炉温度 t'_m 和出炉温度 t''_m 取决于具体条件和加热工艺的要求,变化的余地不大,对炉子生产率难以施加多少影响。在 t'_m 和 t''_m 不变的情况下,影响因素只剩下 t'_g 和 t''_g。

　　出炉废气温度对平均辐射温压的影响很大。废气温度越高,平均辐射温压越大,钢坯差额热量也越大。生产上,提高废气温度,一是加大热负荷,二是减少炉膛各项热损失。加大热负荷可以通过增加供热点和供热量来实现,使高温区延长,预热段相对缩短。但是废气温度高,带走的热量大,炉子的热效率降低。

　　燃烧温度越高,平均辐射温压的值越大,炉子生产率越高。提高燃烧温度主要靠改进燃烧装置,改善燃烧条件,使燃料在最少的过剩空气量下能得到完全燃烧;还可以通过预热空气或煤气来提高燃烧温度。

　　从提高平均辐射温压的角度出发,不希望炉子的火焰拉长,因为辐射温压与温度的四次方成正比,炉气高温区越集中,辐射温压的值越大。如果火焰拉长,就意味着在同样热负荷的条件下,热量分散了,整个炉子的平均辐射温压也低了。

11.3.1.4　炉膛内部对流换热分析

　　炉子以对流方式传给钢坯的热量可以按式11-9来计算:

$$Q = h(t_g - t_m)A_m \qquad (11-9)$$

　　在高温炉中,如一般钢坯的加热炉,辐射传热占主要的地位,对流所占的比例小得多,大约只有5%。但是在低温炉子中(700~800℃以下),辐射传热大大减弱,如在540℃时的辐射给热不及1200℃时的1/10,这时对流起着主要的作用。

11.3.2　炉子的热平衡

　　热平衡的编制对于连续操作的炉子,是按单位时间来计算的,单位为kJ/h;对于间歇操作的炉子,可以按一个加热周期来计算,单位是kJ/周期,而且应包括周期的停歇时间。

　　一座炉子由几个主要部分组成,可以编制全炉的热平衡,也可以编制一个区域的热平衡,如炉膛热平衡、换热器热平衡等。本节讨论的重点是炉膛热平衡,它是全炉热平衡的核心。

11.3.2.1　热量的收入

（1）燃料燃烧的化学热:

$$Q_1 = BQ^{用}_{低} \qquad (11-10)$$

式中　B——燃料消耗量,kg/h 或 m³/h;

　　　$Q^{用}_{低}$——燃料的低发热量,kJ/kg 或 kJ/m³。

（2）燃料带入的物理量:

$$Q_2 = BC_{燃}t_{燃} \qquad (11-11)$$

式中　$C_{燃}, t_{燃}$——分别为燃料的平均热容和温度,这项热只是在预热气体燃料时考虑。

（3）空气预热带入的物理量:

$$Q_3 = BnL_0C_{空}t_{空} \qquad (11-12)$$

式中　n——空气消耗系数;

　　　L_0——理论空气需要量,m³/kg;

　　　$C_{空}, t_{空}$——分别为空气的平均热容和预热温度。

（4）钢坯氧化放出的热量:

$$Q_4 = 5652Ga \tag{11-13}$$

式中　5652——$1\ kg$ 钢氧化放出的热量，kJ/kg；

　　　　G——炉子的产量，kg/h；

　　　　a——钢坯烧损率，一般加热炉中烧损率 a 为 $0.01 \sim 0.03$。

（5）钢坯带入的物理量：

$$Q_5 = GC_{金}t_{金} \tag{11-14}$$

式中　G——炉子产量，kg/h；

　$C_{金},t_{金}$——分别为钢坯的平均热容及入炉温度，$℃$。

11.3.2.2　热量的支出

（1）钢坯加热所需的热：

$$Q'_1 = G(H_2 - H_1) \tag{11-15}$$

式中　H_1,H_2——分别为钢坯在加热开始与加热终了时的焓，kJ/kg。

（2）出炉废气带走的热：

$$Q'_2 = BV_nC_{废}t_{废} \tag{11-16}$$

式中　V_n——单位燃料燃烧产生的废气量，m^3/kg；

　$C_{废},t_{废}$——分别为出炉废气的热容和温度。

（3）燃料的化学不完全燃烧的热损失：

$$Q'_3 = BV_n\left(Q_{CO}\frac{P_{CO}}{100} + Q_{H_2}\frac{P_{H_2}}{100} + \cdots\right) \tag{11-17}$$

式中　$Q_{CO},Q_{H_2},\cdots$——分别为 CO、H_2 等可燃气体的发热量，kJ/m^3；

　　　　$P_{CO},P_{H_2},\cdots$——分别为 CO、H_2 等在废气中的体积分数，在设计新炉子时，只能根据经验数据做出估计。

（4）燃料的机械不完全燃烧的热损失：

$$Q'_4 = KBQ^{用}_{低} \tag{11-18}$$

式中　K——燃料由于机械不完全燃烧而损失的比例，对于固体燃烧，K 为 $0.03 \sim 0.05$；对液体燃料及气体燃料，K 可以忽略，如跑冒滴漏严重，也可以适当考虑。

（5）经过炉子砌体的散热损失：

$$Q'_5 = \frac{3.6(t_1 - t_2)A}{\dfrac{s_1}{\lambda_1} + \dfrac{s_2}{\lambda_2} + \cdots + 0.06} \tag{11-19}$$

式中　t_1——炉壁内表面温度，$℃$；

　　　　t_2——炉子周围大气温度，$℃$；

　$s_1,s_2,\cdots$——分别为各层筑炉材料的厚度，m；

　$\lambda_1,\lambda_2,\cdots$——分别为各层筑炉材料的导热系数，$W/(m \cdot ℃)$；

　　0.06——炉壁外表面与大气间传热的热阻；

　　　　A——炉子砌体的散热面积，m^2。

由于炉膛各部分砌体的厚度、材质均不同，所以各部分损失应分别计算，最后把各部分相加。

（6）炉门及开孔的辐射热损失。当炉门或者窥视孔打开时，炉内向外辐射造成热损失。

这种情况下的辐射可以近似地看做是黑体的辐射。

$$Q'_6 = qA\phi \tag{11-20}$$

式中　q——$1\,cm^2$ 炉门 $1\,h$ 向外辐射的热量，$kJ/(cm^2 \cdot h)$。

（7）炉门及开孔逸气的热损失。一般炉子在正常工作时，炉底处压力调整为接近大气压力，在这种情况下，通过开炉门逸出炉外的炉气量用式 11-21 确定：

$$V_t = \frac{2}{3}\mu Hb\sqrt{\frac{2gH(\rho_0 - \rho_t)}{\rho_t}} \tag{11-21}$$

式中　μ——流量系数，对于薄墙，取 0.82；

　　　H——炉门的开启高度，m；

　　　b——炉门宽度，m；

　　　ρ_0，ρ_t——分别为周围空气及炉内烟气在各自温度下的密度，kg/m^3。

将逸气量换算为标准状态下的小时流量：

$$V_0 = \phi\frac{V_t}{1 + \beta t} \times 3600 \tag{11-22}$$

这些逸气量带走的热流量为：

$$Q'_7 = V_0 tC \tag{11-23}$$

式中　C，t——分别为炉气的平均热容和温度。

若炉内为负压，就没有这项热损失。但此时会通过炉门吸入冷空气，增大烟气量，使炉温下降，一般不希望发生这种情况。应尽可能减少炉门开启的时间和开启的高度。

（8）炉子水冷构件的吸热损失：

$$Q'_8 = G_水(H' - H) \tag{11-24}$$

式中　$G_水$——冷却水消耗量，kg/h；

　　　H'，H——分别为冷却水出口和入口的焓，kJ/kg。

加热炉炉底或某些构件用水冷却时，进口水温度可取 $20 \sim 30℃$，出口水温度取 $50 \sim 60℃$。

在设计炉子时，这一项的计算比较困难，可用近似公式估算：

绝热时　　　　　　$$Q'_8 = (0.113 \sim 0.126)A \times 10^6 \tag{11-25}$$

不绝热时　　　　　$$Q'_8 = (0.410 \sim 0.586)A \times 10^6 \tag{11-26}$$

式中　A——水管和水冷部件的表面积，m^2。

11.3.3　热平衡方程和热平衡表

根据能量守恒定律，热收入各项的总和等于支出的总和，据此可以列出热平衡方程式：

$$\sum Q_{收入} = \sum Q_{支出} \tag{11-27}$$

展开式 11-27 有：

$$\begin{aligned} &Q_1 + Q_2 + Q_3 + Q_4 + Q_5 \\ &= Q'_1 + Q'_2 + Q'_3 + Q'_4 + Q'_5 + Q'_6 + Q'_7 + Q'_8 \end{aligned} \tag{11-28}$$

11.4　钢坯的温度场计算

连铸坯在加热炉内加热一般分为三段加热，即：预热段、加热段和均热段。在不同的阶段(期)进行铸坯内部温度场的计算时,应考虑在不同的阶段(期)铸坯表面的边界条件有所不同,在预热段、加热段,表面温度迅速升高,而通过表面的热流量基本不变,此时可按第二类或第三类边界条件下的平板非稳态温度场解决问题。在均热段,铸坯表面温度基本不再变化,热流量变化,此时可按第一类边界条件下的平板非稳态温度场解决问题。

11.4.1　预热段

连铸坯在进入加热炉内加热时,为避免在铸坯内部产生较大的热应力,在铸坯温度较低时,应进行缓慢加热,使表面与内部温差尽可能低一些,即对铸坯进行预热。

在预热段加热是利用加热段的废气进行预热,热流量基本不变,铸坯表面温度缓慢升高,满足第二类边界条件,即给出物体表面上热流变化的规律,其中最简单的情况是 $q_表$ = 常数。

开始条件:$\tau = 0$,$t = t_0$ = 常数;

边界条件:$x = \pm s$,$-\lambda \dfrac{\partial t}{\partial x}$ = 常数。

在上述单值条件下(几何条件是厚度为 $2s$ 的大平板,两面对称加热),导热微分方程式 2-5 的解为:

$$t = t_0 + \frac{q_表 s}{2\lambda}\left[\frac{2a\tau}{s^2} + \left(\frac{x}{s}\right)^2 - \frac{1}{3} + \frac{4}{\pi^2}\sum_{n=1}^{\infty}\frac{(-1)^{n+1}}{n^2}\mathrm{e}^{\frac{-(mx)2a\tau}{s^2}}\cos\left(n\pi\frac{x}{s}\right)\right] \tag{11-29}$$

根据式 11-29,可以按照已知的时间 τ 求距离中间面 x 远的等温面的温度 t,或者已知 t 可以求加热时间 τ。

随着 τ 的增加,式 11-29 中无穷级数的和趋近于零。实际上,当 $\tau = \dfrac{s^2}{6a}$ 以后,无穷级数的和已经很小,可以忽略不计。式 11-29 就简化为:

$$t = t_0 + \frac{q_表 s}{2\lambda}\left[\frac{2a\tau}{s^2} + \left(\frac{x}{s}\right)^2 - \frac{1}{3}\right] \tag{11-30}$$

当 $x = 0$ 时,$t = t_表$,得到表面温度为:

$$t_表 = t_0 + \frac{q_表 s}{2\lambda}\left(\frac{2a\tau}{s^2} + \frac{2}{3}\right) \tag{11-31}$$

当 $x = 0$ 时,$t = t_中$,得到中心温度为:

$$t_中 = t_0 + \frac{q_表 s}{2\lambda}\left(\frac{2a\tau}{s^2} - \frac{1}{3}\right) \tag{11-32}$$

式 11-31 减去式 11-32,得到表面与中心的温度差为:

$$\Delta t = t_表 - t_中 = \frac{q_表 s}{2\lambda} \tag{11-33}$$

由开始加热到 $\tau = \dfrac{s^2}{6a}$ 这一段时间称为加热的开始阶段,这时表面温度上升快,中心温度变化不大;在这个阶段以后,表面温度和中心温度同时上升,温度差保持常数(因为 $q_表$ 和热物理参数 λ、几何尺寸 s 都是常数),这个阶段称为正规加热阶段。

同样,对于直径为 $2R$ 的圆柱体,对称加热,可以得到相应的解。这时在 $\tau = \dfrac{R^2}{8a}$ 之前是开

始阶段,在这之后是正规加热阶段。正规加热阶段微分方程式的解为:

$$t = t_0 + \frac{q_表 R}{2\lambda}\left[\frac{4a\tau}{R^2} + \left(\frac{r}{R}\right)^2 - \frac{1}{2}\right] \tag{11-34}$$

当 $r = R$ 时,$t = t_表$,得到表面温度为:

$$t_表 = t_0 + \frac{q_表 R}{2\lambda}\left(\frac{4a\tau}{R^2} + \frac{1}{2}\right) \tag{11-35}$$

当 $r = 0$ 时,$t = t_中$,得到中心温度为:

$$t_中 = t_0 + \frac{q_表 R}{2\lambda}\left(\frac{4a\tau}{R^2} - \frac{1}{2}\right) \tag{11-36}$$

表面与中心的温度差为:

$$\Delta t = \frac{q_表 R}{2\lambda} \tag{11-37}$$

由式 11-31 可以通过变换得到平板加热时间的公式为:

$$t_表 = t_0 + \frac{q_表 s}{2\lambda}\cdot\frac{2a\tau}{s^2} + \frac{q_表 s}{2\lambda}\cdot\frac{2}{3}$$

$$\tau = \frac{s\rho c_P}{q_表}\left(t_表 - \frac{q_表 s}{3\lambda} - t_0\right) \tag{11-38}$$

11.4.2 加热段

连铸坯通过预热段缓慢加热后,温度已经达到了较高的温度,避开了应力期,铸坯开始进入加热段内快速加热,铸坯表面温度迅速提高,炉内介质温度随时间变化,此时铸坯与炉内介质的热交换应满足第三类边界条件下的加热。即给出的是周围介质温度随时间变化的关系,及介质与物体之间热交换的规律。最常见也是最简单的情况是周围介质温度一定,即 $t_炉$ 为常数。这种情况适用于恒温炉的加热,即使非恒温炉中,也可以根据时间或根据位置分成若干段,把每一段近似地认为介质温度等于常数。这种边界条件下的解在钢坯加热计算中应用最广。

仍以厚 $2s$ 的大平板对称加热来说明这类问题的解法。

开始条件:$\tau = 0$,$t = t_0 = $ 常数;

边界条件:$x = \pm s$,$-\lambda\frac{\partial t}{\partial x} = h_\Sigma(t_炉 - t)$。

在上述条件下,导热微分方程式的解为:

$$\frac{t_炉 - t}{t_炉 - t_0} = \sum_{n=1}^{\infty}\frac{2\sin\delta}{\delta + \sin\delta\cos\delta}e^{-\frac{\delta^2 at}{s^2}}\cos\left(\delta\frac{x}{s}\right) \tag{11-39}$$

式中,δ 是 $\frac{h_\Sigma s}{\lambda}$ 的函数,式 11-39 可表达为如下的函数形式:

$$\frac{t_炉 - t}{t_炉 - t_0} = \phi\left(\frac{a\tau}{s^2}, \frac{h_\Sigma s}{\lambda}, \frac{x}{s}\right) \quad \text{或} \quad \frac{t_炉 - t}{t_炉 - t_0} = \phi\left(Fo, Bi, \frac{x}{s}\right) \tag{11-40}$$

当 $x = \pm s$ 时,$t = t_表$,式 11-40 变为:

$$\frac{t_炉 - t}{t_炉 - t_0} = \phi_表\left(\frac{a\tau}{s^2}, \frac{h_\Sigma s}{\lambda}\right) \tag{11-41}$$

当 $x = 0$ 时, $t = t_{中}$, 得到:

$$\frac{t_{炉} - t_{中}}{t_{炉} - t_0} = \phi_{中}\left(\frac{a\tau}{s^2}, \frac{h_{\Sigma}s}{\lambda}\right) \tag{11-42}$$

$\phi_{表}$ 和 $\phi_{中}$ 的函数值可以从图 11-5 和图 11-6 查到。

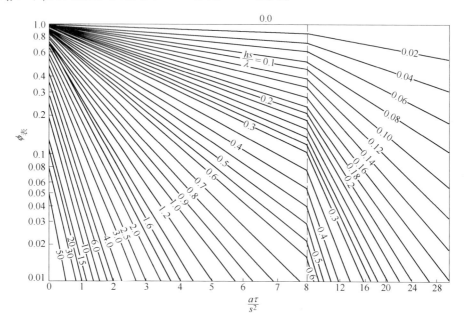

图 11-5　平板在恒温介质中加热时, 函数 $\phi_{表}\left(\dfrac{a\tau}{s^2}, \dfrac{hs}{\lambda}\right)$

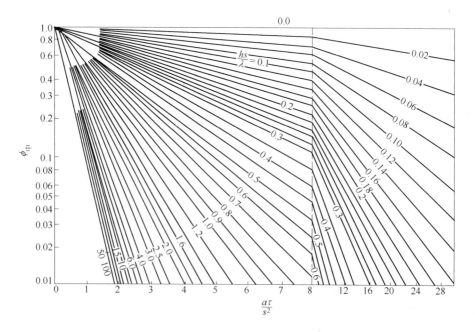

图 11-6　平板在恒温介质中加热时, 函数 $\phi_{中}\left(\dfrac{a\tau}{s^2}, \dfrac{hs}{\lambda}\right)$

对于圆柱体,微分方程式的解与上面平板的结果类似,只是函数 ϕ 的值不同而已。图 11-7 和图 11-8 给出了求圆柱体加热时用的函数 $\phi_表$ 和 $\phi_中$ 的值。

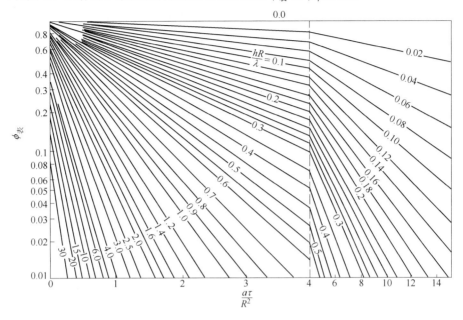

图 11-7　圆柱体在恒温介质中加热时,函数 $\phi_表\left(\dfrac{a\tau}{R^2},\dfrac{hR}{\lambda}\right)$

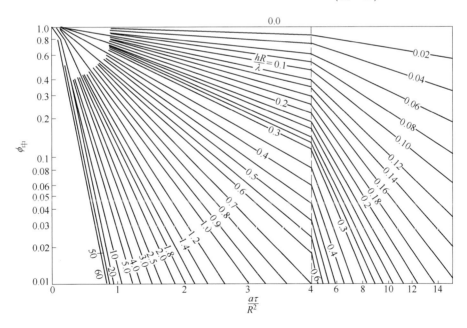

图 11-8　平板在恒温介质中加热时,函数 $\phi_中\left(\dfrac{a\tau}{R^2},\dfrac{hR}{\lambda}\right)$

11.4.3　均热段

连铸坯在加热段加热后,内外温差较大,应在均热段进行均热化处理,即铸坯的表面温度不再变化,而内部的温度则随时间逐渐趋近于表面温度。此时,铸坯与炉内气氛进行热交换应满足第一类边界条件下的加热。

假定铸坯在进入均热段时,断面温度呈抛物线分布。

初始条件:$\tau = 0$,$t = t_0 + \Delta t_0 \dfrac{x^2}{s^2}$;

边界条件:$x = \pm s$ 时,$t_{\text{表}} = t_0 + \Delta t_0 =$ 常数,并且在加热过程中表面温度始终不变。

以上 t_0 为开始时中心温度,Δt_0 为开始时表面与中心温度差。

根据上述条件,得到平板微分方程式的特解为:

$$\frac{t_{\text{表}} - t}{t_{\text{表}} - t_0} = \phi\left(\frac{a\tau}{s^2}, \frac{x}{s}\right) \tag{11-43}$$

式中函数 ϕ 制成如图 11-9 所示的图线。

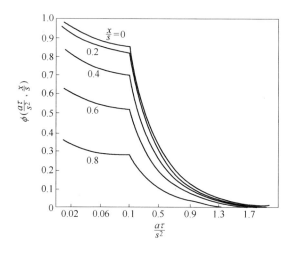

图 11-9　平板在均热时,函数 $\phi\left(\dfrac{a\tau}{s^2}, \dfrac{x}{s}\right)$

图 11-9 所示为表面温度一定,开始时平板内温度为抛物线分布时,用于平板的函数 $\phi\left(\dfrac{a\tau}{s^2}, \dfrac{x}{s}\right)$。

12　钢坯在传输过程中的基本传热

　　板坯在加热炉中加热时,主要通过炉内的高温介质将热量传输到板坯表面,然后再由表面向中心传导。而在轧制过程中,高温轧件的热量又会被低温的冷却水和空气以及与热轧件接触的设备带走。此外,金属在变形时还会产生一部分变形热。所以在轧制过程中温度的变化是一个很复杂的过程,既有辐射传热和对流传热,又有热传导传热。

　　根据热轧带钢的工艺特点,轧制过程的基本传热环节主要有:

　　(1) 带钢(钢坯、板坯)在辊道上或机架间传送时的温降;

　　(2) 喷水或高压水除鳞时的温降;

　　(3) 轧制过程中的变形温升;

　　(4) 轧制时带钢与轧辊接触产生的温降;

　　(5) 带钢与轧辊摩擦产生的温升。

12.1　高压水除鳞与钢坯的对流传热

12.1.1　一次高压水除鳞

　　在加热炉中,带钢表面会形成很厚的一层氧化铁皮,如果不去除干净就进行轧制,会使氧化铁皮压入带钢内部,造成成品缺陷。在实际生产中,轧制前必须通过高压水除鳞设备去除这层氧化铁皮。通常,提高冲击强度会使除鳞效果更好,但另一方面,带钢温降也会因水流速度的提高而明显增大。因粗轧过程中带钢的温度要求高于 A_3 线,所以用于除鳞的高压水的最大冲击压力受到一定程度的限制。一般一次除鳞机最大水压为 18 MPa(喷嘴),最大水量为 650 m³/h(压力为 16 MPa)。

　　利用高压水流冲击钢坯表面来清除一次或二次氧化铁皮,是目前采用的除鳞的主要方法。由于大量高压水流和钢坯(板坯)表面接触将带走一部分热量,钢坯(板坯)产生温降,这种热量损失属于强迫对流形式。强迫对流的热交换过程比较复杂,它不但和钢坯温度、介质温度以及钢的热物理性能有关,还和流体的流动状态(流速、水压等)有关,因此要从理论上写出各种因素的影响方程是比较困难的,目前一般采用牛顿公式来计算:

$$\Delta Q_r = h_H(t^0 - t_W^0)F\Delta\tau \tag{12-1}$$

　　它把各种因素的复杂影响都归结于 h_H 系数中。h_H 为强迫对流热交换系数(W/(m²·℃)),其物理意义为当温差为 1℃时单位时间单位面积的换热量。

　　h_H 可以借助于以相似原理为基础的实验来确定。大家知道,流体流动的相似可归结为促使流动的作用力和阻碍流动的黏着力这一对矛盾,对不可压缩的流体可以用雷诺数作为相似准则,雷诺数 Re 定义为:

$$Re = \frac{wl}{\nu} \tag{12-2}$$

式中　w——流速,m/s;

ν——运动黏度，m^2/s；

l——特征尺寸，m。

有些文献发表了一些适用于高压水除鳞的公式：

$$h_{\mathrm{H}} = k \frac{w^n}{B_{\mathrm{a}}} \qquad (12-3)$$

式中 B_{a}——水流冲到板坯上的宽度；

w^n——流速，可以用式 12-4 计算：

$$w = m\sqrt{\frac{2gp}{\rho}} \qquad (12-4)$$

式中 g——重力加速度，cm/s^2；

p——水压，MPa；

ρ——密度，kg/cm^3。

式 12-3 和式 12-4 中的 k、m 和 n 需根据具体试验来确定。

h_{H} 值确定后即可根据热量平衡求得：

$$h_{\mathrm{H}}(t^0 - t_{\mathrm{w}}^0)F\Delta\tau = -V\rho c\Delta t^0 \qquad (12-5)$$

式中 V——体积，m^3；

ρ——密度，kg/m^3；

c——比热容，$J/(kg \cdot ℃)$；

F——面积，m^2；

t^0——轧件温度，$℃$；

t_{w}^0——水温，$℃$；

$\Delta\tau$——轧件（一点）接触高压水流的时间，s。

当高压水段长度为 $l_{\mathrm{H}}(m)$，轧件速度为 $v(m/s)$ 时：

$$\Delta\tau = \frac{l_{\mathrm{H}}}{v} \qquad (12-6)$$

由此得：

$$\Delta t^0 = \frac{-h_{\mathrm{r}}}{\rho c} \cdot \frac{Fl_{\mathrm{H}}}{Vv}(t^0 - t_{\mathrm{w}}^0) = \frac{-2h_{\mathrm{H}}}{\rho c} \cdot \frac{l_{\mathrm{H}}}{Hv}(t^0 - t_{\mathrm{W}}^0) \qquad (12-7)$$

12.1.2 低压喷水冷却

由于喷水冷却也是一种强迫对流，因此计算公式类似，但 h 值不同，需根据机架间是喷水冷却还是输出道上层流冷却分别确定。

机架间喷水冷却的计算公式与高压水除鳞相似，只是其强迫对流热交换系数为 h_{L}。此时：

$$\Delta t^0 = \frac{-2h_{\mathrm{L}}}{\rho c} \cdot \frac{l_{\mathrm{F}}}{Hv}(t^0 - t_{\mathrm{W}}^0) \qquad (12-8)$$

式中 l_{F}——机架间距离，m；

H——上游机架出口厚度，m；

v——上游机架带钢出口速度，m/s。

由于机梁间距离为一固定值,而对于连轧机组系统,各机架 Hv(流量)都相同,因此不同机架间的喷水冷却造成的温降仅决定于 h_L 及 t^0(不同带钢厚度下 h_L 的变化需通过实测来定,而比热容 c 则为温度的函数)。则:

$$\Delta Q = h(T - T_W)F\Delta\tau \tag{12-9}$$

式中 h——热交换系数,kJ/m^2;

  T——物体温度,℃;

  T_W——冷却水温度,℃;

  F——热交换面积,m^2;

  $\Delta\tau$——热交换时间,h。

它把各种因素的复杂影响都归结于系数 h 中。h 为热交换系数 $W/(m^2 \cdot ℃)$,其物理意义为当温差为 1℃时单位时间单位面积的换热量。

由带钢释放的热量由式 12-10 计算:

$$\Delta Q = FH\rho c_p(T - T_W) \tag{12-10}$$

可以得到:

$$T' = (T - T_W)\exp\left(-\frac{2h_{tc}t}{\rho c_p H}\right) + T_W \tag{12-11}$$

而国外文献中用于计算热流的计算公式为:

$$q = h_{tc}(T - T_a) \tag{12-12}$$

在此过程中的难点是换热系数的确定,通过对现场大量生产数据回归分析的方法,初步得出换热系数并加以修正,进而得出比较贴近实际的换热系数。

对高压除鳞水描述对流换热系数和水流量的关系的经验公式非常少。Sasaki 等提出的低压喷水除鳞综合热交换系数计算公式为

$$h_{tc} = 708 W^{0.75}T^{-1.2} + 0.116 \tag{12-13}$$

式中 W——水流量,$1.6/(m^2 \cdot s) < W < 41.71/(m^2 \cdot s)$;

  T——板坯表面温度,$700\ K < T < 1200\ K$。

由式 12-13 可以算出,h_{tc} 为 19.2 $kW/(m^2 \cdot K)$。虽然这个方程是基于低压水的,但是,h_{tc} 值与 Kohring 发表的高压水的热交换系数为 21.2 $kW/(m^2 \cdot K)$ 相比较很接近。从 Yanagi 的测量和实验研究中得到对流换热系数为 25 $kW/(m^2 \cdot K)$。

12.2 钢坯及中间坯的辐射传热

12.2.1 钢坯在辊道上传送时的传热

带钢传送时的温降主要是辐射造成的热量损失,同时也存在自然对流冷却(空气)流的热量损失 ΔQ_a,ΔQ_a 为:

$$\Delta Q_a = h(t^0 - t_\theta^0)F\Delta\tau \tag{12-14}$$

辐射的热量损失 ΔQ_a 与温度的四次方成正比,因此在高温时辐射损失远远越过了自然对流损失。当轧件温度在 1000℃ 左右时,自然对流热量损失只占总热量损失的 5% 左右,这时可以只考虑辐射损失,而把其他影响都包含在根据实测数据确定的辐射率 ε 中。

另外,由于 $t^0 \gg t_\theta^0$,因此辐射公式中可忽略 t_θ^0 项。此时,辐射热量损失为:

$$\Delta Q_\varepsilon = \varepsilon\sigma\left(\frac{t^0 + 273}{100}\right)^4 F\Delta\tau \qquad (12-15)$$

式中　σ——斯忒藩 – 玻耳兹曼常数,约为 $5.67 \times 10^{-8} \text{W}/(\text{m}^2 \cdot \text{K}^4)$;

　　　ε——辐射率,又称为黑度, $\varepsilon < 1$;

　　　F——散热面积, m^2 。

对于带钢和带坯:

$$F = 2Bl$$

对于钢坯:

$$F = 2(Bl + BH + lB) \qquad (12-16)$$

式 12-14 ~ 式 12-16 中　B——宽度,m;

　　　　　　　　　　　l——长度,m;

　　　　　　　　　　　H——厚度,m;

　　　　　　　　　　　$\Delta\tau$——散热时间,s 或 h;

　　　　　　　　　　　t^0——带钢温度,℃;

　　　　　　　　　　　t_θ^0——周围空气的温度,℃。

此热量造成的温降为:

$$\Delta Q_\varepsilon = - Gc\Delta t^0 = - Bhl\rho c\Delta t^0 \qquad (12-17)$$

因此:

$$\Delta t^0 = - \frac{\varepsilon\sigma}{c\rho} \cdot \frac{F}{BHl}\left(\frac{t^0 + 273}{100}\right)^4 \Delta\tau \qquad (12-18)$$

当 $F = 2Bl$ 时:

$$\Delta t^0 = - \frac{2\varepsilon\sigma}{c\rho}\left(\frac{t^0 + 273}{100}\right)^4 \frac{\Delta\tau}{H} \qquad (12-19)$$

$$\Delta\tau = \frac{\Delta L}{v}$$

式中　ΔL——距离;

　　　ρ——钢的密度;

　　　v——带钢速度。

式 12-19 没有考虑随着温降带钢的温度将不断降低使 $(t^0 + 273)^4$ 迅速降低。因此式 12-19 只能用于精轧机架间短距离传送(假设温降不大,在整个过程仍用同一个 t^0 来计算)。对于中间辊道及输出辊道长达百米,运送时间较长时,则需采用:

$$\text{d}Q_\varepsilon = \varepsilon\sigma\left(\frac{t^0 + 273}{100}\right)^4 F\text{d}\tau \qquad (12-20)$$

$$\text{d}Q = - BHl\rho c\text{d}t^0 \qquad (12-21)$$

$$\text{d}Q_\varepsilon = \text{d}Q \qquad (12-22)$$

$$2\varepsilon\sigma\left(\frac{t^0 + 273}{100}\right)^4 \text{d}\tau = - H\rho c\text{d}t^0 \qquad (12-23)$$

$$\frac{\text{d}t^0}{(t^0 + 273)^4} = - \frac{2\varepsilon\sigma}{H\rho c \times 10^8}\tau \qquad (12-24)$$

等式两边积分(假设各热物理参数 c、ρ 和 ε 取平均值,可认为它们和温度无关)得:

$$\int_{T_{RC}}^{T_{F0}} \frac{\mathrm{d}T}{T^4} = \int_0^\tau \frac{2\varepsilon\sigma}{H\rho c \times 10^8}\mathrm{d}\tau \qquad (12-25)$$

式中 T——绝对温度,K,$T = t^0 + 273$;

T_{F0}——精轧入口处的温度,K;

T_{RC}——粗轧出口处的温度,K。

积分后得:

$$T_{F0} = 100\left[\frac{6\varepsilon\sigma}{100H\rho c}\tau + \left(\frac{T_{RC}}{100}\right)^{-3}\right]^{-\frac{1}{3}} \qquad (12-26)$$

式 12-26 决定于实际情况的参数为辐射率 ε,因此需利用粗轧出口处的测温仪和精轧入口处测温仪(在没有出错的情况下)实测温度统计求得 ε,再用于式 12-26 的计算。

12.2.2   热流量的计算

计算热流量的公式为:

$$q = \varepsilon\sigma\left(\left(\frac{T}{100}\right)^4 - \left(\frac{T_a}{100}\right)^4\right) \qquad (12-27)$$

这里主要考虑辐射率 ε 的取值,在预报板带温度的文献中,Lee、Sims 和 Wright 提出在 950℃辐射率取 0.77。另一些文献将辐射率考虑为一个假定的热交换系数,公式为:[18]

$$h_{tc} = \varepsilon\sigma\frac{T^4 - T_s^4}{T - T_s} \qquad (12-28)$$

辐射率 ε 与温度有关,其计算公式为:

$$\varepsilon = \frac{T - 273}{1000} \times \left(0.125 \times \frac{T - 273}{1000} - 0.38\right) + 1.1 \qquad (12-29)$$

一些文献给出了钢板在不同条件下辐射率的取值。在粗轧段氧化铁皮比较厚,因此辐射率接近 0.9,精轧时一般接近 0.8 左右。

12.2.3   保温罩的热传递

带坯在中间辊道输送过程中,由于自身辐射散热、与大气间的对流散热以及与输送辊道的接触导热冷却等原因,导致温度迅速下降。为了减少输送过程中的热量损失,在中间辊道上加装保温罩,保温罩通过保持较高的中间料环境温度而使热辐射速度降低,并使中间坯头尾温差降低,断面温度更加均匀。

在热带轧制中采用的保温罩系统可以分成以下几种:绝热保温罩、反射保温罩、逆辐射保温罩。目前比较先进和常用的是逆辐射保温罩。

在逆辐射保温罩中,中间料被一层覆盖有绝热材料的薄金属屏障包围(见图 12-1)。当热的中间料通过保温罩时,此金属屏障被迅速加热并达到 1000℃ 的平衡温度。与反射保温罩相比,屏障表面越黑,逆辐射保温罩的效率越高。

分析逆辐射保温罩中热传递的主要目的是为了建立起保温罩内中间坯的热损失,中间料的热损失主要是由于辐射而造成的,即:

$$\Delta Q = \Delta Q' + \Delta Q'' \qquad (12-30)$$

式中 ΔQ——中间坯损失的热量, J/m;

　　　$\Delta Q'$——中间料上表面和侧表面所辐射的热量, J/m;

　　　$\Delta Q''$——中间料下表面所辐射的热量, J/m。

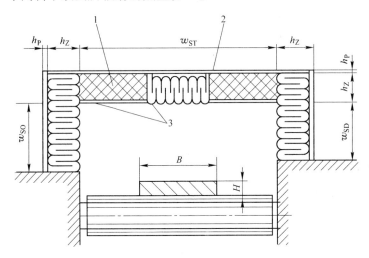

图 12-1 逆辐射保温罩的横断面示意图

1—绝热材料; 2—外壁金属板; 3—金属屏

　　$\Delta Q'$、$\Delta Q''$可根据式 12-14 计算, 辐射系数(黑度)可利用式 12-29 计算, 而环境温度则取保温罩金属屏温度。由于保温罩内温度很高(达到 1000℃), 与中间坯温度相差较少, 所以中间坯的热损失降低很多。

13 热卷箱内温度变化研究

热轧带钢生产过程中热卷箱的主要作用是对粗轧机轧出的中间坯进行无芯卷取,然后再反向开卷,以其尾部作为头部进入精轧机组,从而降低了中间带坯的冷却速度,减小了带坯的头尾温差,进而使中间坯温度均衡,以获得较好的成品带材的质量、板形和板凸度。因此研究中间坯在热卷箱内的温度分布,对离线仿真计算、分析各种工艺条件对板坯温度场的影响以及在线指导生产实践具有重要的实用价值。

13.1 热卷箱内温度变化数学模型

13.1.1 钢卷导热微分方程的描述

中间坯在热卷箱内以钢卷的形式存放,因此对卷取及保温过程的导热分析如下:钢卷内部的导热过程属于无内热源的非稳态导热,其传热计算数学模型见式13-1,为圆柱坐标系下的三维非稳态导热方程[19]。

$$\rho c_p \frac{\partial T}{\partial \tau} = \frac{1}{r} \cdot \frac{\partial}{\partial r}\left(r\lambda_r \frac{\partial T}{\partial r}\right) + \frac{\partial}{\partial x}\left(\lambda_x \frac{\partial T}{\partial x}\right) + \frac{1}{r} \cdot \frac{\partial}{\partial \theta}\left(\frac{\lambda_\theta}{r} \cdot \frac{\partial T}{\partial \theta}\right) \tag{13-1}$$

式中　　ρ——轧件的密度,kg/m³;

　　　　c_p——比定压热容,kJ/(kg·K);

　　　　T——轧件的温度,℃;

　　　　τ——时间,s;

　　r,θ,x——分别为柱坐标系下轧件的径向、周向和轴向的坐标;

　$\lambda_r,\lambda_\theta,\lambda_x$——分别为径向导热系数、周向导热系数和轴向导热系数,W/(m·K)。

钢卷内部的轴向导热主要通过钢内部的热传导进行,其径向导热是通过每层金属与相邻层间存在的空气间隙及氧化铁皮进行,热交换是通过实际接触点的热传导、缝隙内空气的热传导和高温下两表面间辐射传热这三种机理综合进行。通常径向导热明显弱于轴向导热,热交换的各向异性十分明显。钢卷与周围介质(空气)间的导热主要通过辐射和对流的方式进行。

由于钢卷属于轴对称物体非稳态导热,因此为方便计算,将钢卷简化成具有正交各向异性物性参数的

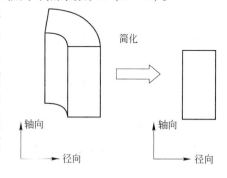

图 13-1　几何模型——钢卷横截面

整体,利用钢卷外形及热载荷的对称性,取钢卷纵截面的 1/4 研究,几何模型如图 13-1 所示。将三维问题转化为二维轴对称问题求解,导热微分方程为:

$$\rho c_p \frac{\partial T}{\partial \tau} = \frac{1}{r} \cdot \frac{\partial}{\partial r}\left(r\lambda_r \frac{\partial T}{\partial r}\right) + \frac{\partial}{\partial x}\left(\lambda_x \frac{\partial T}{\partial x}\right) \tag{13-2}$$

轴向导热系数 λ_x 等于钢的导热系数,由于钢卷每层间空气介质的导热系数远远低于钢

的导热系数,所以径向导热系数 λ_r 低于轴向导热系数 λ_x。其具体的数值受钢本身的导热系数、表面光洁度、硬度、钢层间的接触压力、接合处的横向平均温度及是否存在氧化铁皮等一系列因素影响,目前没有计算公式,只能用间接的方式获得。

将径向导热系数与轴向导热系数之比设为常数 a,通过对比计算与试验结果,修正 a 的取值,从而得到较为符合实际的导热模型。

13.1.2　初始条件及边界条件的确定

13.1.2.1　初始条件

中间坯在热卷箱内卷取过程开始时,物体整个区域中所具有的温度为已知。根据现场实测数据,假定初始时钢卷内、外表面的温度分别为 1120℃ 和 1070℃,则其开始温度分别为 1393K 和 1343K,设环境温度为 25℃(即 298K),假设每层钢卷沿轴向的初始温度是相同的。

13.1.2.2　边界条件

轧件与外界传热主要是辐射和对流换热,这两类边界条件在传热学中统称为第三类边界条件,可统一写为:[20]

$$q = -\lambda\left(\frac{\partial t}{\partial n}\right) = h(T - T_\infty) \tag{13-3}$$

式中　q——热流密度;

　　　h——等效换热系数;

　　　T——轧件表面温度,℃;

　　　T_∞——环境的温度,℃。

钢卷与周围介质(空气)间的导热主要通过辐射和对流的方式进行,以辐射热交换为主。热辐射情况下表面的传热系数可用斯忒藩-玻耳兹曼方程计算,对流换热部分可以通过经验公式算得。总热交换系数可表示为:

$$h_f = h_r + h_d \tag{13-4}$$

式中　h_r——热辐射换热系数,W/(m² · K);

　　　h_d——钢卷对流换热系数,W/(m² · K);

　　　h_f——总的热交换系数,W/(m² · K)。

根据传热学,热卷箱内的钢卷被卷取和开卷时,钢卷的内、外表面可以被看成大空间自然对流换热,又因为钢卷水平放置,周围气体可认为是层流状态。因此,钢卷内外表面的对流换热系数可由以下公式求得:[21]

$$h_{d1} = 1.32\left(\frac{T_{s1} - T_\infty}{D}\right)^{1/4} \tag{13-5}$$

式中　T_{s1}——钢卷内、外表面温度,K;

　　　T_∞——环境温度,K;

　　　D——钢卷外直径,m。

钢卷沿宽度方向的端部对流换热系数由下式给出:

$$h_{d2} = 1.42\left(\frac{T_{s2} - T_\infty}{D}\right)^{1/4} \tag{13-6}$$

$$h_r = \varepsilon \sigma (T_s^2 + T_\infty^2)(T_s + T_\infty) \qquad (13-7)$$

式中　σ——斯忒藩—玻耳兹曼常数，$\sigma = 5.667 \times 10^{-8} W/(m^2 \cdot K^4)$；

　　　ε——辐射率；

　　　T_{s1}——带钢内、外表面温度，K；

　　　T_{s2}——钢卷端部温度，K；

　　　T_∞——环境温度，K。

式 13-7 中，变化较大的（决定于实际情况）为辐射率 ε，其中钢板的表面温度对其影响较大，伴随钢板表面温度的变化，辐射率也会发生变化，具体的变化情况可由下面的公式得出：

$$\varepsilon = 1.1 + \frac{T_s}{1000}\left(0.125 \times \frac{T_s}{1000} - 0.38\right) \qquad (13-8)$$

13.1.3　材料的热物理参数及其他相关参数

在有限元计算温度场时，主要涉及质量密度、导热系数、比热容这三个热物性参数。在模拟中，仍然以 SS400 级带钢（即 Q215）为研究对象，其密度 ρ 为 $7.84 \times 10^3 kg/m^3$，比热容和导热系数见表 13-1。

表 13-1　Q215 材料的热物性参数

温度/℃	比热容 c_p /J·(kg·K)$^{-1}$	导热系数 λ /W·(m·K)$^{-1}$
25	468	56.98
100	486	54.41
200	511	50.92
300	539	47.16
400	576	43.31
500	619	38.97
600	698	35.68
700	832	32.42
765	1053	30.13
800	798	28.47
900	652	29.90
1000	570	31.70
1100	530	33.01

13.2　模拟计算中关键问题的处理

轧制过程中，从粗轧机出来的中间坯进入热卷箱时轧件沿轧制方向的温度不同，头尾温差较大，经过在热卷箱内的保温、均热，之后反向开卷，头尾温差减小。在此过程中，温度场是个复杂的过程，在中间坯卷取、保温及开卷三个过程中，中间坯与外界的热交换系数是随温度不断变化的。主要有计算模型的确定、传热边界条件的确定、材料物性参数的确定、模拟过程参数的选择、模拟方案的确定等问题。在有限元模拟中，影响温度场结果的主要因素是传热边界条件和材料的热物性参数。

有限元计算中为提高计算效率,通常会采用一些假设,本模型采用的假设条件有:

(1)忽略带钢运行速度对带钢表面对流换热系数的影响;

(2)认为初始条件时带钢在热卷箱入口的温度沿宽度方向相同,两个边部与空气的换热条件相同;

(3)视材料为正交各向异性。

13.2.1   计算模型的确定

根据热卷箱工艺参数,拟定以外径为 $\phi2000\ mm$、内径为 $\phi600\ mm$、宽度为 $2000\ mm$ 的钢卷为例进行模拟。采用三维实体建模并划分网格(见图 13 – 2)。在几何模型建模过程中,采用由点到面再到实体的方法分别对钢卷及尾部钢板建模。由于中间坯在热卷箱内有卷取、保温及开卷过程,模拟过程中为了方便,采用 Marc 中的单元死活技术来实现钢卷逐层增加及减少整个过程的动态再现,钢卷径向的网格按钢板厚度实际尺寸划分,在本模型中钢卷为 20 层,所以径向分为 20 等份,轴向分为 40 等份,周向分为 80 等份;尾部钢板按宽向 20 等份,长度方向 10 等份划分,总共有 $80 \times 20 \times 40 + 10 \times 20 \times 40 = 72000$ 个单元,$80 \times 41 \times 21 + 11 \times 41 \times 21 = 78351$ 个节点。

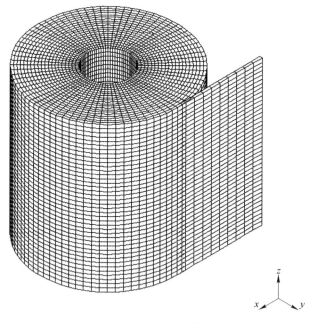

图 13–2   三维几何模型

由于该问题为轴对称问题,因此可以转化为二维轴对称问题来分析。分别对三维及二维情况进行了计算,并且计算过程中两种情况下的网格划分、初始条件、边界条件、物性参数等完全一致,经过计算得出两种情况的计算结果基本一致,因此二维情况基本能够代替三维情况。考虑到电脑配置问题,采用二维情况进行分析。

对于二维建模情况,选取钢卷纵截面的一半进行建模并划分有限单元网格(见图 13–3)。在该模型中,x 轴方向为钢卷的轴向,y 轴方向为钢卷的径向。轴向分为 40 单元,径向分为 20 单元,总共有 $40 \times 20 = 800$ 个单元,$41 \times 21 = 861$ 个节点。

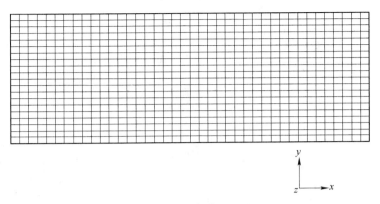

图 13-3　二维几何模型

13.2.2　模拟过程参数选择

在模拟过程涉及的参数中,由于 Marc 默认的单位、国际单位和材料数据的单位都不同,因此选取统一的计算单位将方便计算过程和结果分析。网格划分数目和计算时间步长的选取对计算结果精度影响很大,网格划分越细,时间步长越短,结果的精度相应越精确,同时计算消耗的时间将是成倍增长。这就需要合理选取网格数目和时间步长,以使既能达到精度要求,又可以节省计算时间。

13.2.2.1　计算单位的选取

本课题计算中所选用的单位包括:长度单位为 mm,质量单位为 kg,温度单位为℃或 K,时间单位为 s。为了计算方便以及和标准单位对应,这里将质量单位设为标准单位 kg。

从上述标准单位推得如下单位:

(1) 换热系数:kW/(m² · ℃)或 N/(mm · s · ℃);

(2) 导热系数:W/(m · K)或 N/(s · K);

(3) 比热容:J/(kg · K)或 10^3N · mm/(kg · K)。

13.2.2.2　时间步长的选取

根据热卷箱的工艺参数可知,中间带坯进入热卷箱的最大入口速度为 3.5 m/s,最大卷取速度为 5.0 m/s,最大开卷速度为 2.0 m/s。因此,根据钢卷各层半径尺寸及相应的卷取速度可粗略估算出各层的加载时间,见表 13-2。

表 13-2　各层初始条件、换热系数及加载时间

	层数	初始温度/℃	热交换系数 /kW · (m² · K)⁻¹	端换热系数 /kW · (m² · K)⁻¹	加载时间/s
卷取	内层	1120	166.77		
	1	1117.5	167.68		2
	2	1115	168.66		2
	3	1112.5	169.69		2
	4	1110	172.04	158.831	2.5
	5	1107.5	171.92		2.5
	6	1105	173.10		2.5
	7	1102.5	174.34		2.5
	8	1100	175.62		3
	9	1097.5	176.95		3

层数	初始温度/℃	热交换系数 /kW·(m²·K)⁻¹	端换热系数 /kW·(m²·K)⁻¹	加载时间/s
10	1095	178.32		3
11	1092.5	179.74		3
12	1090	181.20		3.5
13	1087.5	182.71		3.5
卷取　　14	1085	184.26	158.831	3.5
15	1082.5	185.86		3.5
16	1080	187.50		4
17	1077.5	189.19		4
18	1075	190.93		4
19	1072.5	192.71		4
20	1070	194.54		4
保温				5
20	190.74			5
19	193.61			5
18	194.49			5
17	195.62			4.5
16	196.19			4.5
15	197.23			4.5
14	198.10			4.5
13	198.98			4
12	199.88			4
11	200.97			4
开卷　　10	201.89		130	4
9	202.80			3.5
8	203.76			3.5
7	204.89			3.5
6	205.87			3.5
5	206.83			3
4	209.03			3
3	209.03			3
2	209.83			3
1	207.68			3
内层	183.02			

13.2.3　数值模拟方案的确定

数值模拟的步骤为：

（1）数值模拟诸多问题如计算模型的确定、边界条件的确定、模拟过程参数选择等问题，已在本章做了前期的资料收集和分析工作；

（2）根据某钢厂 2160 mm 热轧生产线的热卷箱实际入口、出口速度，确定卷取、保温及开卷各过程的加载时间；

（3）建立几何模型，划分网格，加载初始条件、边界条件、材料特性及工况；

（4）模拟分析头尾温差较大的中间坯经过热卷箱保温后的温度场变化情况，并结合现场实测数据修正相应的系数，以得到较为符合实际的材料径向导热系数和热交换系数；

（5）在步骤（4）结论的基础上，得到带钢头部和尾部节点在保温后和开卷时的温度变化情况，并得出经过保温罩保温后的头尾温差；

（6）在步骤（5）的基础上，分析保温罩、钢卷层与层之间紧实度以及中间坯厚度等因素对钢卷温度的影响；

（7）结合实际问题，分析宽向温差较大的中间坯经热卷箱保温均热后的温度场。

13.3　热卷箱内温度场的模拟计算结果与分析

13.3.1　计算条件的确定

根据前面对中间坯在卷取及开卷时的内、外层换热系数分别进行计算以及随后的修正，计算时取钢卷的径向热传导系数为 20 W/(m·K)，在卷取、保温及开卷过程中各层与外界环境间的热交换系数见表 13-2。

根据表 13-2 分别加载初始条件、边界条件及相应的工况，通过计算得到温度云图如下：图 13-4 所示为开始卷取时温度云图；图 13-5 所示为卷取时 29 s 温度云图；图 13-6 所示为中间坯在热卷箱内卷取完了，保温 5 s 后的温度云图；图 13-7 所示为开卷时 68 s 温度云图；图 13-8 所示为开卷时 112 s 温度云图；图 13-9 所示为中间坯保温 5 s 后的 1/4 剖面温度云图。

图 13-10 所示为中间坯 1/4 剖面在保温 5 s 后的二维温度云图。其中 x 轴方向为钢卷的轴向，y 轴方向为钢卷的径向，$r = 0.3$ 为钢卷的内层，$r = 1$ 为钢卷外层。由于钢卷内层、外层和端面暴露在空气中的时间比较长，受外界空气影响因素比较大，不能代表钢卷内部温度场变化，因此从内数第二层（即 $r = 0.335$）到从外数第二层（即 $r = 0.965$）开始研究钢卷在热卷箱内的温度场变化。

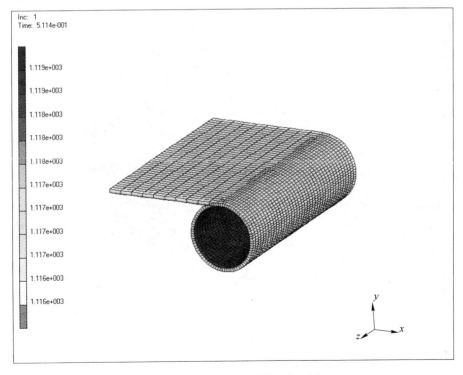

图 13-4　开始卷取时的温度云图

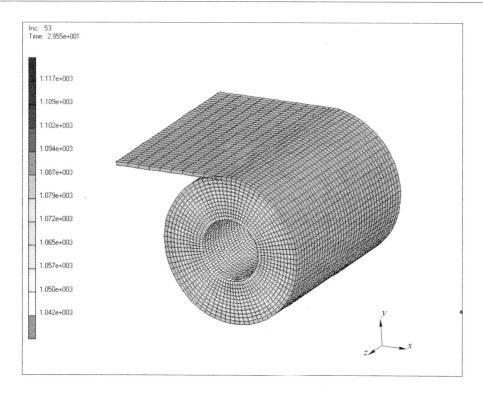

图 13-5　卷取时 29 s 温度云图

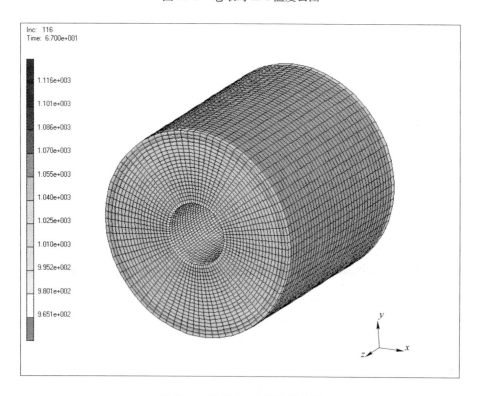

图 13-6　保温 5 s 后的温度云图

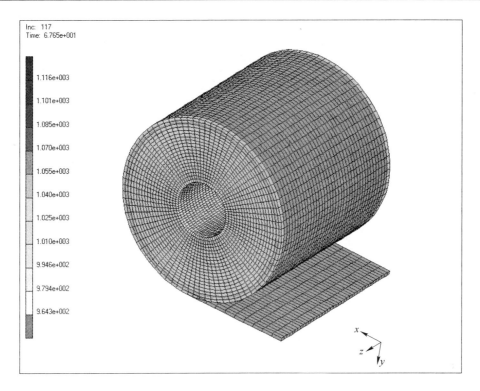

图 13-7　开卷时 68 s 温度云图

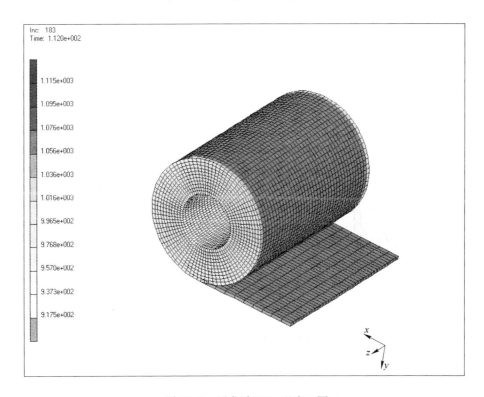

图 13-8　开卷时 112 s 温度云图

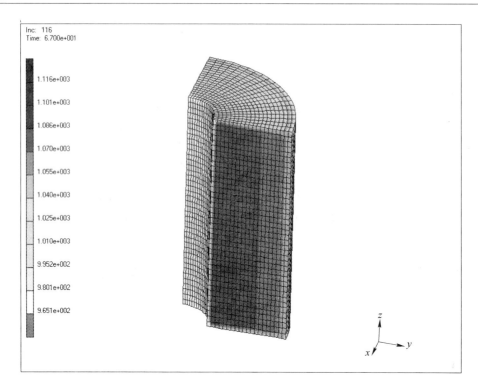

图 13-9　保温 5 s 后的 1/4 剖面温度云图

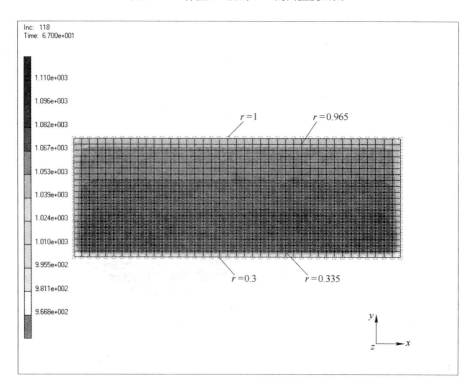

图 13-10　保温 5 s 后的二维温度云图

图 13-11 所示为中间坯初始条件、在热卷箱内保温 5 s 后以及开卷时三种情况的径向温度曲线对比。其中,曲线 1 为初始时中间坯的径向温度曲线,曲线 2 为在热卷箱内保温 5 s 后的径向温度曲线,曲线 3 为开卷时的径向温度曲线。

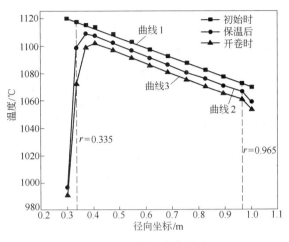

图 13-11　径向温度曲线对比

由图 13-11 可以看出,初始条件时 $r=0.335$ 处和 $r=0.965$ 处的温度差为 45℃ 左右,经过保温后径向各节点温度都有所下降,内层钢卷的温降幅度明显高于其他层,到开卷时刻,$r=0.335$ 处和 $r=0.965$ 处的温度差减小为 20℃ 左右。此外从图 13-11 中还可以看出,经过热卷箱保温后钢卷从内层数第三、第四层的温度最高。

图 13-12 所示为 $r=0.335$ 处和 $r=0.965$ 处的端部温度时间历程曲线,图 13-13 所示为 $r=0.335$ 处和 $r=0.965$ 处中间温度时间历程曲线。由图 13-12 和图 13-13 可以看出,钢卷沿宽度方向的径向温度变化趋势基本相似,内圈上的温降幅度明显高于外圈,接近端部的内圈温降更快,其原因主要是在卷取和开卷过程中内圈暴露在空气中的时间较长,端部换热和表面换热较多引起的。

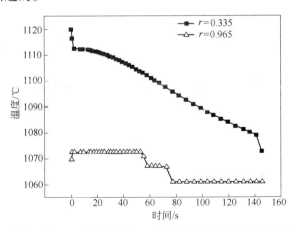

图 13-12　$r=0.335$ 处和 $r=0.965$ 处端部温度时间历程

图 13-14 所示为 $r=0.50$ 处的钢卷开卷时宽向温度曲线,图 13-15 所示为 $r=0.335$ 处的宽向温度曲线,图 13-16 所示为 $r=0.965$ 处的宽向温度曲线。由图 13-14 ~ 图 13-16 可以看出,两端面温度明显低于中间温度,这是由于在整个过程中,端部始终暴露在空气中,与

外界的热交换较多,热量损失较大,因而温度较低。而且当 $r=0.335$ 处的端部温度明显低于 $r=0.50$ 和 $r=0.965$ 处的端部温度,其主要原因是钢卷的内圈温度较低,$r=0.335$ 处的热量不断向内层补给。

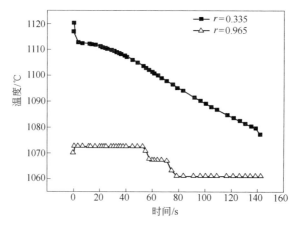

图 13-13　$r=0.335$ 处和 $r=0.965$ 处中间温度时间历程

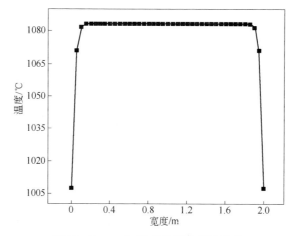

图 13-14　$r=0.50$ 处的宽向温度曲线

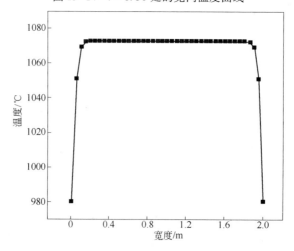

图 13-15　$r=0.335$ 处的宽向温度曲线

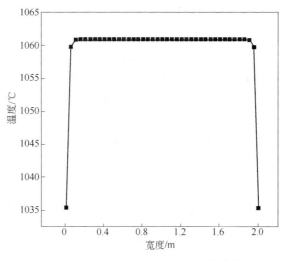

图 13-16　$r = 0.965$ 处的宽向温度曲线

13.3.2　影响热卷箱内中间坯温度的主要因素

中间坯在热卷箱内卷取、保温及开卷过程中,钢卷内部温度场变化除了受外界环境温度影响外,还受保温罩是否开启、钢卷层与层之间紧实度、是否存在氧化铁皮、中间坯的厚度等因素影响,下面就这几个因素对钢卷温度的影响进行分析。

13.3.2.1　保温罩对中间坯温度的影响

当保温罩放下时,由于钢卷与外界的热交换受到保温罩的阻挡,保温罩内的环境温度升高较快,导致钢卷与环境间的温差减小,因而卷取及开卷过程中的对流或辐射热交换减少。图 13-17 所示为有、无保温罩情况下开卷时的径向温度曲线对比。其中,曲线 1 为有保温罩时的径向温度曲线,曲线 2 为没有保温罩时的径向温度曲线。从图中可以看出,在开卷时,有保温罩的情况下各节点的温度都明显高于没有保温罩的情况,由此可以得出结论:保温罩可以减小中间坯上各节点的温降。

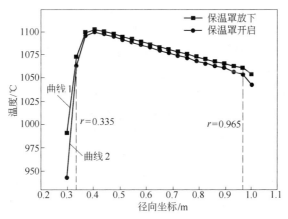

图 13-17　有、无保温罩情况开卷时的径向温度曲线对比

13.3.2.2　层与层之间紧实度对中间坯温度的影响

钢卷卷得较紧时,层与层之间的间隙较小,相邻两层金属之间的空气介质含量少,因而层与层之间的导热性能好,相应的径向导热系数大;反之,当钢卷卷得较松时,径向导热系

数小。

图 13-18 所示为卷较紧和较松情况下开卷时的径向温度曲线对比。其中,曲线 1 为卷较紧时的径向温度曲线,曲线 2 为卷较松时的径向温度曲线。从图中可以看出,内层节点由于温度较高,受卷的紧实度影响较大,当卷较紧时,靠近钢卷内层的温度明显低于卷较松时的钢卷内层温度。这是由于卷较紧时,钢卷的径向导热系数较大,相应的热传导较快引起的。而钢卷的最外层由于最后进入热卷箱最先开卷,因此该层暴露在空气中的时间最短,与周围环境间的热交换最少,其开卷温度受钢卷紧实度影响不明显。

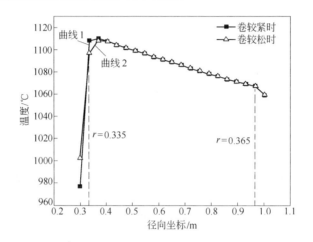

图 13-18　开卷时紧实度对径向温度的影响

13.3.2.3　中间坯厚度对温度的影响

热卷箱对中间坯有明显的保温作用,据统计,中间坯温降速度由原来的 1.7℃/s 减少到 0.06℃/s。若热卷箱不投入运行,成品厚度越薄,中间坯的头尾温差越大。

中间坯越薄的钢卷在卷取及开卷过程中与外界的热交换越快,此外,在钢卷外径和内径相同的情况下,中间坯越薄钢卷层数越多。由于层与层之间有空气、氧化铁皮等介质,因而中间坯较薄的钢卷受这些介质影响较大,其径向导热系数较小,而且钢板越薄的钢卷,其径向导热系数越小,这使得温度较高层的热量不能够很好地传导到温度较低的层,所以头尾温差大。接下来用 Marc 模拟分析保温罩对不同径向导热系数的钢卷头尾温差的影响。根据表 13-1,取中间坯的轴向导热系数为 33.01 W/(m·K),其初始条件和径向导热系数见表 13-3,分别计算有、无热卷箱时的中间坯头尾温差。

表 13-3　径向导热系数对头尾温差影响

径向导热系数 /W·(m·K)$^{-1}$	初始条件时		中间坯头尾温差 /℃		减少温差 /℃
	头部温度 /℃	尾部温度 /℃	无热卷箱时	有热卷箱时	
25	1120	1070	87.1	53.8	33.3
20	1120	1070	99.1	62.7	36.5
15	1120	1070	114.1	73.8	40.2
10	1120	1070	133.0	88.2	44.8
5	1120	1070	157.4	107.0	50.3

由表 13-3 可以看出,经过热卷箱保温、均热后的中间坯头尾温差明显减小。而且,随径向导热系数的减小(即随中间坯厚度的减薄),头尾温差增大。其主要原因是由于较薄的钢卷在卷取及开卷过程中与周围环境的热交换快、层与层之间的导热性能差,导致热量损失较多;此外,对于内、外径相同的钢卷,厚度越薄的层数越多,相应的层与层之间的热量交换越慢,使得温度较高层的热量不能够很好的补偿温度较低的层,所以其头尾温差较大。

13.4　现场实际问题分析

根据现场实测数据显示,钢坯在出加热炉后沿横向温差较大,经粗轧、精轧等一系列工艺后横向温差仍较大。接下来研究热卷箱对横向温差较大的中间坯内部温度的影响。假设初始条件(即在热卷箱入口)时中间坯沿长度方向温度相同,沿宽度方向温度在 1110 ~ 980℃变化,最大温差为 130℃,钢卷的几何模型仍以外径为 $\phi2000$ mm、内径为 $\phi600$ mm、宽度为 2000 mm 的钢卷为例进行分析。

其换热系数按式 13-4 ~ 式 13-8 计算,热卷箱入口时宽向温度分布如图 13-19 所示,经过热卷箱保温、均热后,热卷箱出口的宽向温度如图 13-20 所示。通过对比图 13-19 和图 13-20 可以看出,经过热卷箱保温、均热后,中间坯的横向温差没有明显改善。图 13-21 所示为操作侧与传动侧的温度历史曲线对比。由图 13-21 可以看出,在热卷箱内保温的整个过程中,两端的温度变化曲线基本上平行。因此,热卷箱不能改善中间坯的横向温差。

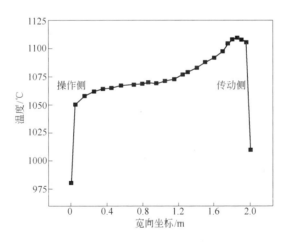

图 13-19　热卷箱入口时宽向温度分布(测量值)

热轧带钢终轧温度除了受轧制过程中的轧制速度、运输过程中与外界环境的热交换等因素影响外,在热卷箱内的温度变化也起着相当的作用。本章重点对中间坯在热卷箱内的温度变化进行研究,采用 Marc 软件对中间坯卷取、保温及开卷整个过程的温度场进行有限元数值模拟分析。

在热卷箱内温度场模拟过程中,牵涉到诸多问题的处理,包括几何模型、材料特性、模拟参数和边界条件等,其中以钢卷与外界的热交换系数以及钢卷的径向导热系数的确定最为关键。本章根据现场实测数据归纳整理出热卷箱入口和出口的温度,根据热交换系数公式

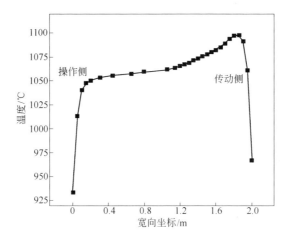

图 13-20   热卷箱出口的宽向温度分布（计算值）

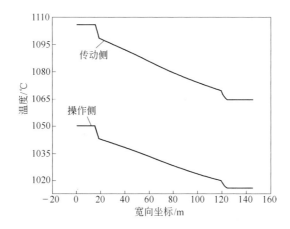

图 13-21   操作侧和传动侧的温度历史曲线

计算出相应的热交换系数,依次设定钢卷各个阶段的边界条件进行数值模拟计算,并通过实际生产数据修正材料的径向导热系数,从而得到较为合适的径向导热系数和热交换系数,并分别分析了保温罩、层与层之间紧实度以及中间坯厚度等因素对中间坯的影响。

模拟计算结果表明,热卷箱能够明显减少中间坯的头尾温差及整条带钢上各节点的温降;在钢卷外径和内径相同的情况下,中间坯越薄的钢卷头尾温差越大,经过热卷箱保温后的温差减小越明显;宽向温差较大的中间坯经过热卷箱保温、均热后,宽向温差没有明显改善。根据热卷箱内温度模拟分析结果给出相应的建议:现场在轧制较薄带钢时尽量采用热卷箱来减小头尾温差;对于厚度较大的带钢,在现场热轧生产线长度允许的情况下,可以不采用热卷箱技术;热卷箱对宽向温差较大的中间坯的宽向温差改善不明显,可以考虑从冷却水的控制方面来减小宽向温差。

14 轧制过程中的传热

带钢在轧制过程中,热交换的形式是相当复杂的,既存在带钢的辐射散热、带钢与冷却水之间的对流散热、带钢与轧辊相接触时的传导散热,又伴随接触摩擦和塑性变形热所引起的热量增加。考虑到带钢在轧机中产生的塑性变形热与带钢和轧辊相接触时的热传导热损基本可以互相抵消,因而把机架间的辐射换热和喷水冷却合并作为一个当量的冷却系统。

14.1 粗轧过程中温降及热量损失

14.1.1 轧件的温降

当采用边轧制边喷高压水来控制温度时,系统能量的变化有:
(1) 轧件向周围介质辐射传热使系统热量减少;
(2) 轧件向轧辊、辊道热传导使系统热量减少;
(3) 轧件与空气对流使系统热量减少;
(4) 轧件与高压水之间的强迫对流传热使系统热量减少;
(5) 轧件变形时,变形热使系统热量增加;
(6) 轧件变形时,接触面上摩擦热使系统热量增加。

就传热方式而言,系统热量的损失主要是(4),同时还有少量的(1)、(2)、(3)损失。当不采用边轧制边喷高压水来控制温度时,主要考虑(2)、(5)的损失。有些文献提出把所有的温升和温降考虑在一个公式中,计算公式为:

$$\Delta t = -\frac{4\lambda}{c_p \rho} \cdot \frac{1}{v H_c} \cdot \frac{l_c}{H_c}(t - t_r) \tag{14-1}$$

式中　l_c——接触弧长,m;

$\quad\quad t_r$——轧辊温度,℃;

$\quad\quad H_c$——平均厚度,m;

$\quad\quad \rho$——密度,kg/m³;

$\quad\quad v$——轧制速度,m/s。

其中,因工作辊热传导引起的温降可以通过钢板的两个最外层的总热量计算[22]:

$$\Delta Q_c = 4k A_c (T - T_r)\sqrt{\frac{t_c}{\pi a}} \tag{14-2}$$

式中　A_c——轧件和工作辊的接触面积,m²;

$\quad\quad k$——轧件氧化层的导热系数,W/(m·K);

$\quad\quad \Delta Q_c$——由于热传导工作辊所获得的热量或轧件损失的热量,J;

$\quad\quad T_r$——轧辊温度,K;

$\quad\quad t_c$——轧件与工作辊的接触时间,s;

$\quad\quad a$——轧件的热扩散率,m²/s。

辊缝处轧件损失的热量由下式给定：

$$\Delta Q_c = \rho c_p V(\Delta T_c) \tag{14-3}$$

可得出因工作辊热传导引起的温降公式为：

$$\Delta T_c = \frac{4k}{\rho c_p H_c}(T - T_r)\sqrt{\frac{(R\Delta)^{0.5}}{\pi a v}} \tag{14-4}$$

$$t_c \approx \frac{\sqrt{R\Delta}}{v}$$

式中　R——轧辊半径。

表 14-1 是通过简化方程得到的与辊接触引起的温降公式。

表 14-1　通过简化方程得到的与辊接触引起的温降公式

作 者 名	公 式
P. W. 李，R. B. 西姆斯， H. 奈特	$\Delta T = 0.321\left[\frac{(\Delta H)}{c_p} + 98.1\right]$
H. Ventzel	$\Delta T = \frac{0.606}{H_1 + H_2}(T - T_R)\sqrt{\frac{\sqrt{R\Delta}}{v} \times \frac{H_1}{H_1 + H_2}}$
Y. D. 采利兹诺夫	$\Delta T = \frac{0.051}{H_1 + H_2}(T - 108)\sqrt{Rarccot\left(1 - \frac{\Delta}{2R}\right)\frac{1 + s_f}{v}}$
F. 塞莱第斯基	$\Delta T = \frac{0.561}{vH_2}(T - T_R)\sqrt{R\Delta}$
H. 奈特，T. 霍普	$\Delta T = \frac{0.163}{H_1 + H_2}(T - T_R)\sqrt{\frac{\sqrt{R\Delta}}{v}}$

一些文献中用热流方程计算辊缝中轧件与轧辊热传导损失的热量，通过试验得到热交换系数的值。文献中提到，由于在大量的热交换系数中极少量数据从轧制时轧件和轧辊中得到，许多研究人员已经假设理想的热接触。从粗轧机中轧辊温度的测量上看，Steven 已经得出轧辊间隙中，在开始接触 30 ms 内热交换系数为 37.6 kW/(m²·K)，随后为 1837.6 kW/(m²·K)。Murata 通过测量高温试料和低温试料的热反映，计算出应用于各种轧制环境中的热交换系数。他们的试验结果表明，不除鳞和水作为润滑剂的情况下，轧辊间隙间热交换系数在 23 ~ 81 kW/(m²·K) 范围以内。通过这项研究，热交换系数取为 37 kW/(m²·K) 已经运用于模拟轧制间隙的情况。

14.1.2　轧件的温升

14.1.2.1　由机械功引起的温升

在计算机械功引起的温升时，要考虑的主要有两个方面：消耗在轧件和轧辊间界面的机械功和在变形阶段轧件所吸收的机械功。

在热轧条件下，假设界面无滑动，因而克服摩擦的机械功部分可被忽略，机械功的大部分均由轧件在变形阶段吸收。

传热过程可由下列热平衡方程予以描述。机械功产生的热由式 14-5 计算：

$$\Delta Q'_m = K_w \eta_m V_c \ln\frac{H_1}{H_2} \tag{14-5}$$

式中 H_1, H_2 ——分别为入口和出口厚度,m;

$\quad\quad\quad K_w$ ——变形抗力,Pa;

$\quad\quad\quad V_c$ ——轧件的体积,m^3;

$\quad\quad\quad \eta_m$ ——机械功转化为热的部分。

轧件所吸收的热量由下式给定:

$$\Delta Q''_m = \rho c_p V_c \Delta T_m \tag{14-6}$$

式中 ΔT_m ——机械功引起的轧件温升,K。

根据热平衡条件:

$$\Delta Q'_m = \Delta Q''_m \tag{14-7}$$

由此得出机械功引起温升的计算公式为:

$$\Delta T_m = \frac{K_w}{\rho c_p} \ln\left(\frac{H_1}{H_2}\right) \tag{14-8}$$

另外,国外文献中,Pavlov 方程用来计算机械功引起的温升,这里假设机械变形在整个变形过程中是均匀的,而且所有的功全部转化为热能,因此公式为:

$$\Delta T_{def} = \frac{K_w}{\rho c_p} \ln\left(\frac{H_1}{H_2}\right) \tag{14-9}$$

表 14-2 是通过简化得到的一些计算机械功引起温升的公式。

表 14-2 通过简化得到的一些计算机械功引起温升的公式

作 者 名	公 式
B. A. 恰古诺夫	$\Delta T = \left(\dfrac{2417 - T}{28.86}\right)\left(1 + \dfrac{\sqrt{R\Delta}}{H_1 + H_2}\right)\ln\dfrac{H_1}{H_2}$
M. A. Zaikov	$\Delta T = \dfrac{K_w}{11690\rho c} \ln\dfrac{H_1}{H_2}$
P. W. 李,R. B. 西姆斯,H. 奈特	$\Delta T = \dfrac{2.69(HP)}{bH2vpc_p}$
Y. D. 采利兹诺夫	$\Delta T = \dfrac{K_w}{795} \ln\dfrac{H_1}{H_2}$
F. 塞莱第斯基	$\Delta T = \dfrac{K_w}{9345\rho c_p} \ln\dfrac{H_1}{H_2}$
H. 奈特,T. 霍普	$\Delta T = \dfrac{K_w}{790} \dfrac{H_1 + H_2}{H_2} \ln\dfrac{H_1}{H_2}$

14.1.2.2 由摩擦引起的温升

国外文献中对轧件和轧辊之间的滑动没有清楚的解释,Denton 和 Crane 提出在 1000℃摩擦系数为 0.25 增长到 1100℃为 0.4。Roberts 提出了无润滑时的以下关系:

$$\mu = 4.86 \times 10^{-4} T - 0.0714 \tag{14-10}$$

由摩擦引起的热流量为:

$$q_f = v_f \mu p \tag{14-11}$$

式中 p ——接触弧处的压力,从轧辊的分力知识可以得到一个平均值;

v_r——轧件和轧辊的相对速度,它沿着接触弧变化。式 14-11 由 Hatta 提出。

因此,Hatta 提出,摩擦引起的温升计算公式为:

$$\Delta t_{摩} = C_0 \frac{\mu}{c_p \rho} \cdot \frac{l}{h_{平}} \ln \frac{H}{h} \tag{14-12}$$

在计算轧制温降的过程中,轧辊和轧件的热接触和机械功及摩擦的温升基本接近,有时采用近似解法,假定它们相互抵消。

14.2 精轧过程中温降及热量损失

14.2.1 精轧过程热量传递特点

带钢在精轧机组中进行轧制时,热交换的形式相当复杂,既有带钢的辐射散热、带钢与冷却水之间的对流传热、带钢与轧辊接触时的传热,还有接触摩擦与塑性变形热引起的热量增加。若采用前面所求得的公式逐步计算带钢在每一架轧机中的塑性变形热、接触摩擦热、带钢在机架间的辐射热损失和机架间喷水冷却的对流热损失等,容易出现误差积累,使后几个机架中的温度偏差过大。

精轧机组各轧机中的温度是一个极为重要的工艺参数,根据带钢在精轧机组中的连续性和在精轧机前后都设有测温仪的特点,一般不利用逐步计算温降的方法,而是利用机组两头测温仪的实测温度并对其不断校正。

14.2.2 带钢在精轧机组中的温降方程

考虑到带钢在轧机中的塑性变形热、摩擦热与轧件和轧辊接触热损失基本可以相互抵消,因而把机架间的辐射冷却和喷水冷却合并作为一个相当的冷却水系统。

$$\ln \frac{t_2 - t_水}{t_1 - t_水} = -\frac{2\alpha L}{c_p \rho} \cdot \frac{1}{Hv} \tag{14-13}$$

采用式 14-13 计算出机组总的温降,然后将精轧机的总温降分配到各机架上,从而来确定带钢在各机架上的温度。

现以某七机架精轧机组为例来说明。将精轧机组分为 8 个区段,如图 14-1 所示。

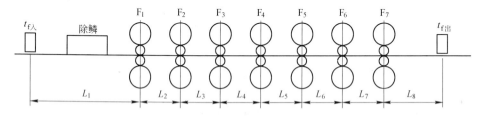

图 14-1　精轧机组布置图

则精轧机组每区段的温降公式为:

$$\ln \frac{t_i - t_水}{t_{i-1} - t_水} = -K_{精} \cdot \frac{L_i}{H_i v_i} \tag{14-14}$$

式中　t_i——第 i 区段的带钢温度;

　　　t_{i-1}——第 $i-1$ 区段的带钢温度;

　　　$t_水$——冷却水的温度;

　　　$K_{精}$——冷却水能力系数(或称为等价热传导系数);

H_i——第 i 区段的带钢厚度;

v_i——第 i 区段的带钢速度;

L_i——第 $i-1$ 区段到第 i 区段的距离,当 $i=1$ 时,L_i 就是精轧机组入口处测温仪至第一机架的距离;当 $i=8$ 时,L_i 就是精轧机组第七机架至精轧出口处测温仪的距离。

考虑到精轧入口测温仪至 F_1 间有高压水除鳞装置,其 α 值比机架间的低压喷水时大,因而采用 L'_1 作为第一区段的当量距离,即 $L'_1 = \beta L_1$,β 是由实验来确定的系数,L_1 是实际距离。考虑带钢在连轧过程中遵守秒流量相等的原则,即在稳定轧制时:

$$H_i v_i = H_n v_n \tag{14-15}$$

式中 H_n——最末机架带钢出口厚度;

v_n——最末机架带钢出口速度。

那么温降公式可改写为:

$$\ln \frac{t_i - t_水}{t_{i-1} - t_水} = -K_精 \cdot \frac{L_i}{H_n v_n} \tag{14-16}$$

式中,i 为 $1 \sim 8$,当 $i=1$ 时,$t_{i-1} = t_0 = t_{f入}$;当 $i=8$ 时,$t_8 = t_{f出}$。

由式 14-16 可知,从 $i=1$ 到 $i=8$,将其温降累加起来,便可以得到整个精轧机组的温降公式为:

$$\ln \frac{t_{f出} - t_水}{t_{f入} - t_水} = -K_精 \cdot \frac{\sum\limits_{i=1}^{8} L_i}{H_n v_n} = \frac{-K_精 L}{H_n v_n} \tag{14-17}$$

式中,L 为两测温仪间的距离,但应注意,L_1 应采用 L'_1 代替。于是精轧机组出口处带钢的温度表达式为:

$$t_{f出} = t_水 + (t_{f入} - t_水) \exp\left(-\frac{K_精 L}{H_n v_n}\right) \tag{14-18}$$

最后便可求出带钢在精轧机组中的温降方程为:

$$\Delta t_f = t_{f入} - t_{f出} = t_{f入} - \left[t_水 + (t_{f入} - t_水) \exp\left(\frac{-K_精 L}{H_n v_n}\right)\right] \tag{14-19}$$

精轧机组各架轧机处带钢的温度 t_j(j 为 $1 \sim 7$,它为第一架到第七机架的机架号)为:

$$t_j = t_水 + (t_{f入} - t_水) \exp\left(-K_精 \frac{\sum\limits_{i=1}^{j} L_i}{H_n v_n}\right) \tag{14-20}$$

由于 $K_精$ 值可以利用生产中实测的 $t_{f入}$ 和 $t_{f出}$ 值反推算,按下式求得:

$$K_精 = \frac{t_{f入} - t_{f出}}{t_{f入}} \cdot \frac{H_n v_n}{L} \tag{14-21}$$

由式 14-21 右边各项可知,这些工艺参数都可以通过实测得到比较准确的数值,所以按式 14-21 计算出来的 $K_精$ 值能很好地反映实际生产的真实情况。

上述这些温降方程都是理论温降数学模型。为了更好地运用于不同的生产情况,可以对方程中有关参数进行修正之后,即可使用。但由于理论方程中的一些具体工艺参数、一些具体的冷却条件在理论公式中很难确定,如 ε 在 $0.5 \sim 0.8$ 范围内波动,传热系数 h 等物理参数也在很大范围内波动,影响因素较多,此外变形热、摩擦热等都会影响模型精度,所以在控制上也有采用统计数学模型的。如对于辊道上运送带钢时,带钢的最终温度 t_2 与带钢厚度 h、开始温度 t_1 成正比关系,而与温降时间 $\Delta\tau$ 成反比关系,同时考虑自变量之间的交互影响,模型结构可为:

$$t_2 = b_0 + b_1 t_1 + b_2 \frac{1}{\Delta\tau^2} + b_3 \frac{H}{\Delta\tau} + b_4 t_1 H \tag{14-22}$$

式中,$b_0 \sim b_4$ 为待定参数。

但由于不可移植性,各厂都需自定参数。理论模型虽然精度较低,但公用性好。目前普遍采用的方法是在理论公式基础上用统计方法估计某些关键参数,而后在在线使用的过程中对这些参数进行自适应修正。

14.3　热轧过程温降计算实例

由于不同钢种、不同轧制速度,不同厚度等级的带钢温降特性各不相同,所以需根据已建立的数学模型针对不同带钢的特点适当调整模型参数,以提高温度模拟的准确性。在温度的计算中,主要涉及质量、导热系数、比热容这三个热物性参数。其中,后两个热物性参数都随温度的变化而变化,对模拟结果和精度影响很大。此外,影响温度的因素还有轧件的轧制速度、成品厚度、轧制过程中的喷水冷却等因素。

现以 SS400 级带钢(Q215)为研究对象,对带钢轧制过程中成品厚度、轧制速度等因素对轧件的温度影响进行分析。

由文献可知,Q215 钢的密度 ρ 为 7.84×10^3 kg/m^3,其比热容和导热系数见表 14-3。

表 14-3　Q215 材料的热物性参数

温度/℃	比热容 c_p /J·(kg·K)$^{-1}$	导热系数 λ /W·(m·K)$^{-1}$
25	468	56.98
100	486	54.41
200	511	50.92
300	539	47.16
400	576	43.31
500	619	38.97
600	698	35.68
700	832	32.42
765	1053	30.13
800	798	28.47
900	652	29.90
1000	570	31.70
1100	530	33.01

某钢厂热轧生产线在定宽压力机前,粗轧机 R$_2$ 前、后,飞剪前,精轧出口以及层流冷却前、后都布置了测温仪。通过对现场三百多条带钢的二级系统数据整理回归得出各段的换热系数,代入已建立的数学模型,经计算并与实际生产数据比较并加以修正,得出较为符合实际的各段换热系数。按照轧制线的带钢运输自然顺序,模拟出从加热炉出口到精轧出口这一阶段的温度变化规律。

14.3.1　整个轧制过程中的温降

在图 14-2 中,1~4 各点分别为定宽压力机前、R_2 前、热卷箱前及飞剪前测温仪处的温度,5 为精轧第六机架入口温度(即终轧温度)。由图 14-2 可以看出,在 Ⅱ 区及 Ⅵ 区由于高压水除鳞,轧件温度明显下降;在粗轧段(Ⅳ区),由于辊道上辐射和喷水冷却,温度降低;在精轧段(Ⅶ区)有机架间辐射温降、喷水冷却温降,温度急剧下降。

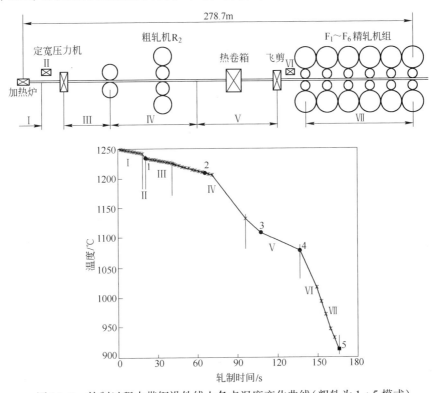

图 14-2　轧制过程中带钢沿轧线上各点温度变化曲线(粗轧为 1+5 模式)

Ⅰ—炉后辊道空冷段;Ⅱ—粗轧前高压水除鳞段;Ⅲ—定宽压力机前测温仪处到粗轧机 R_1 前辐射段;
Ⅳ—粗轧段;Ⅴ—R_2 出口到飞剪前测温仪段;Ⅵ—精轧前高压水除鳞段;Ⅶ—精轧段

14.3.2　成品厚度对轧件温度的影响

在热轧过程中,带钢的厚度与轧件的温度变化密切相关。为了研究机架间带钢厚度对轧制过程中带钢温度变化的影响,在其他条件不变的情况下,按成品厚度分别为 3.0 mm、4.0 mm 和 5.0 mm 三种厚度分别进行整个轧线的温降计算,计算所得的温降曲线如图 14-3 所示。由此可见,随着成品厚度的减薄,其温降速度增大,带钢的终轧温度降低。而且成品厚度对温度的影响主要表现在粗轧机 R_2 出口以后。粗轧出口至终轧这一段不同成品厚度的温降曲线如图 14-4 所示。

由图 14-4 可以看出,粗轧出口到热卷箱入口温降大约为 20~30℃,经过热卷箱保温均热后,温降大约为 50~60℃,热卷箱出口到精轧机 F_1 入口段温降大约为 60~70℃,带钢在通过轧辊时轧辊传热与轧制变形热总体上对温度影响不大。根据热量损失计算公式计算从粗轧出口到精轧出口段的各种热量损失情况,如图 14-5 所示。

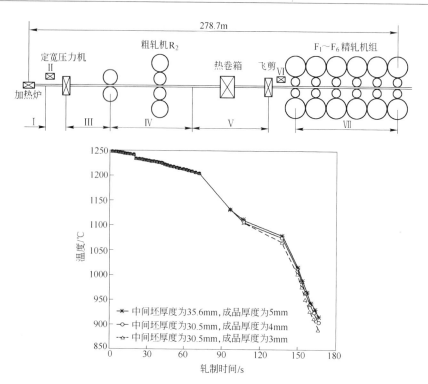

图 14-3　不同成品厚度的轧件温降对比（粗轧为 1 + 5 模式）

（$H_{连铸坯} = 0.23\ m$；$t_0 = 0\ s$，为加热炉出口时刻）

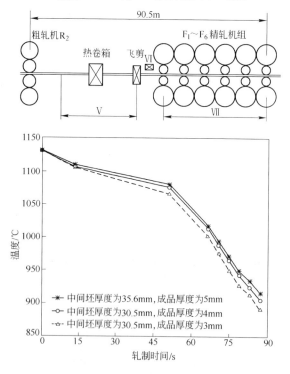

图 14-4　不同成品厚度对温度的影响（从粗轧机 R_2 出口开始）

（$H_{连铸坯} = 0.23\ m$；$t_0 = 0\ s$，为 R_2 出口时刻）

由图 14-5 可见,辐射和水冷是带钢温度降低的主要原因,提高温度控制精度必须加强这两方面的控制。从整条轧线来看,辐射温降和水冷导致的温降所占的比例差不多,但在水冷温降中,除鳞水引起的温降所占比重比较大,而这一部分的水压和水量不好控制,一般采用控制机架间冷却水的方法来控制温度。

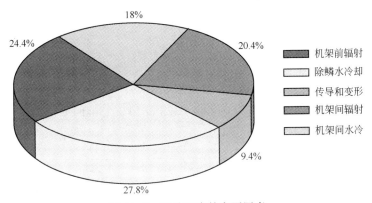

图 14-5   影响温度的主要因素

14.3.3   一次高压水除鳞引起的温降

在加热炉中,带钢表面会形成很厚的一层氧化铁皮,如果不去除干净就进行轧制,会使氧化铁皮压入带钢内部,造成成品缺陷。在实际生产中,轧制前必须通过高压水除鳞设备去除这层氧化铁皮。通常提高冲击强度会使除鳞效果更好,但另一方面,带钢温降也会因水流速度的提高而明显增大。因粗轧过程中带钢的温度要求高于 A_3 线,所以用于除鳞的高压水的最大冲击压力受到一定程度的限制。某钢厂热轧生产线的一次除鳞机最大水压为18 MPa(喷嘴),最大水量为 650 m^3/h(压力为 16 MPa)。

在高压水除鳞过程中,高压水与带钢之间的换热系数是温度场分析的重要参数。它与流体的速度、接触方式及物体几何形状等存在复杂的关系。许多文献给出各种水压条件的换热系数计算模型,但由于这些模型计算复杂,而且与实际的生产情况存在一定的出入,因此,利用现场实测数据进行回归分析的方法确定高压水除鳞的热交换系数。图 14-6 所示为经过计算得出的粗轧前板坯在高压水除鳞箱内的温度随时间变化的曲线。

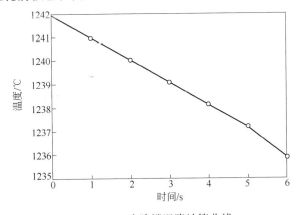

图 14-6   一次除鳞温降计算曲线
($H_{连铸坯} = 0.23$ m;$t_0 = 0$ s,为一次除鳞入口时刻)

在此过程中的难点是换热系数的确定,通过对现场大量生产数据回归分析的方法初步得出换热系数并加以修正,进而得出比较贴近实际的换热系数。

根据傅里叶定律,可求得通过平壁的热流密度为:

$$q = -\lambda \frac{\mathrm{d}t}{\mathrm{d}x} = \frac{\lambda}{\delta}(t_1 - t_2) = \frac{\Delta t}{\delta/\lambda} \tag{14-23}$$

式中 t_1——钢坯温度,℃;

t_2——高压水的温度,℃,取 30℃;

δ——钢坯厚度,m;

λ——导热系数,由表 14-3 取 33.01 W/(m·K)。

由式 14-23 分别计算钢坯厚度为 0.20m、0.23 m 和 0.25m 时一次高压水除鳞段热流密度,变化曲线如图 14-7 所示。

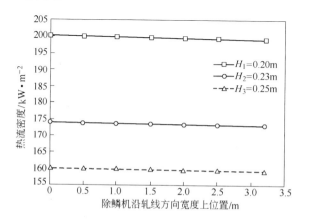

图 14-7 一次除鳞热流密度变化曲线

14.3.4 粗轧段温降

在粗轧段,轧辊和轧件的热接触和机械功及摩擦的温升基本接近,因此假定它们可相互抵消。主要计算辊道上传送时的辐射温降以及喷水冷却温降,模拟曲线如图 14-8 所示。

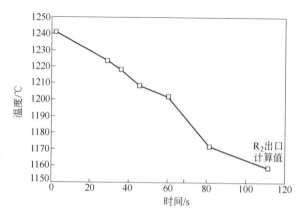

图 14-8 粗轧段温降情况

($H_{\text{连铸坯}} = 0.23$ m;$t_0 = 0$ s,为 R_1 入口时刻)

图 14-8 显示了轧件从 R_1 轧机入口到 R_2 轧机出口的温度随时间变化的情况,图中的"*"号表示每一个计算点的温度,第一个"*"号表示 R_1 轧机入口温度,第二个"*"号表示 R_2 轧机第一道轧制入口温度,第三个"*"号表示 R_2 轧机第二道轧制入口温度,依次类推,最后一点为 R_2 轧机最后一道轧制的出口温度。由图 14-8 中可以看出,由粗轧入口到粗轧出口的温降大约为 70℃ 左右。

14.3.5　二次除鳞温降

二次除鳞温降的原理及数学模型、换热系数的确定与一次除鳞相同,只是入口温度和轧件在除鳞箱内的速度不同,其温降曲线如图 14-9 所示。

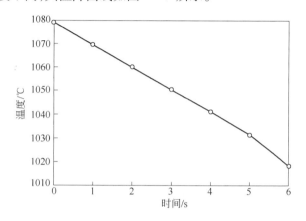

图 14-9　二次除鳞温降曲线

（$H_{中间坯} = 0.035$ m；$t_0 = 0$ s,为二次除鳞入口时刻）

根据式 14-23 分别计算中间坯厚度为 0.030 m、0.033 m 和 0.035 m 时二次高压水除鳞段热流密度,变化曲线如图 14-10 所示。

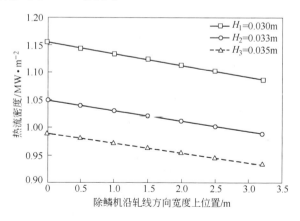

图 14-10　二次除鳞段热流密度变化曲线

14.3.6　精轧段温降

此过程中主要是机架的变形区发热引起的温升及与轧辊接触产生的温降、机架间辐射温降和机架间冷却水、除尘水等引起的温降。计算时假设轧辊和轧件的热接触和机械功及摩擦的温升可相互抵消。因此,可以只考虑二次除鳞温降、机架间辐射温降和机架间水冷温降。首钢 2160 mm 的精轧机组在 $F_1 \sim F_6$ 各架轧机上均有工作辊冷却水,在 $F_4 \sim F_6$ 出口侧有除尘水,在 $F_1 \sim F_5$ 出口有机架间冷却水,在 $F_1 \sim F_3$ 入口有防剥落装置,$F_1 \sim F_5$ 入口和 F_6 后有侧喷装置。这些均可按照机架间冷却水公式计算,只是强迫对流换热系数有所不同。在此过程中主要的难点是机架间辐射系数和机架间喷水冷却系数的确定,其温降曲线如图 14-11 所示,图中的"*"号表示每一个计算点的温度,其中第一点为飞剪前测温仪处温度,后面几点分别为精轧六机架各个机架的入口温度。

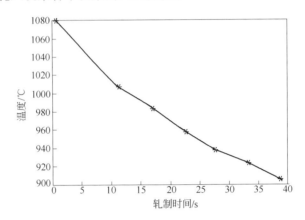

图 14-11　精轧段温降曲线

（$H_{中间坯} = 0.035$ m；$H_{成品} = 0.005$ m；$T_{加热} = 1250℃$；$t_0 = 0$ s,为飞剪入口时刻）

14.3.7　轧制速度对精轧温降的影响

轧制速度是影响带钢热轧过程中温度变化的关键因素,目前现场通常采用设定或控制带钢出口速度的方法来保证终轧温度。为了研究带钢穿带速度对终轧温度的影响,现假设其他条件不变,分别对最大出口速度和出口速度接近现场实际速度两种情况进行计算。其中,最大出口速度按照 2160 mm 精轧机组速度锥图选取,精轧机速度锥如图 14-12 所示。

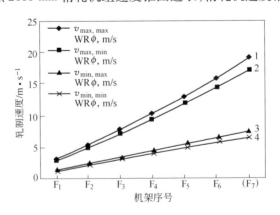

图 14-12　精轧机速度锥

在图 14-12 中,纵坐标为精轧机工作辊的轧制速度,横坐标为轧机 $F_1 \sim F_7$ 的序号。其中,最上边曲线 1 是轧制速度最大、工作辊直径最大时的速度锥曲线;曲线 2 是轧制速度最大、工作辊直径最小时的速度锥曲线;曲线 3 是轧制速度最小、工作辊直径最大时的速度锥曲线;曲线 4 是轧制速度最小、工作辊直径最小时的速度锥曲线。计算时选用轧制速度最大、工作辊直径最小的情况与接近现场实轧速度的情况进行对比。各机架轧制速度具体见表 14-4。

表 14-4 各机架轧制速度 （m/s）

机架序号	F_1	F_2	F_3	F_4	F_5	F_6
v_{max}	2.8	5.0	7.3	10.0	13.0	15.0
$v_{实际}$	1.14	1.82	2.65	3.64	4.67	5.56

将表 14-4 中的各机架轧制速度代入已建立好的温降模型,经过计算得出的精轧段温降曲线对比如图 14-13 所示。

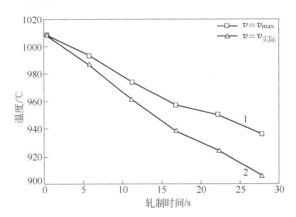

图 14-13 不同的轧制速度对精轧段温降的影响

（$H_{中间坯}=0.035$ m;$H_{成品}=0.005$ m;$T_{加热}=1250℃$;$t_0=0$ s,为精轧入口时刻）

在图 14-13 中,曲线 1 为精轧段各机架轧制速度最大、工作辊直径最小时的温降曲线;曲线 2 为接近现场实轧速度时的温降曲线。由图 14-13 可以看出,在轧制方向上,带钢温度整体上逐渐降低,在精轧出口处轧制速度对终轧温度的影响非常明显,即随轧制速度的增大,终轧温度明显提高。这是因为增大轧制速度可以减少轧制过程中因为机架间辐射和喷水冷却造成的热交换时间,进而减少热量损失。因此,可以通过提高轧制速度来提高终轧温度。

14.3.8 水冷换热系数对轧件温降的影响

水是目前最经济实用的冷却介质,在热轧生产线上,由于除鳞装置以及各机架间的冷却水装置各不相同,因而,各水冷区域的水冷换热系数不同。轧件水冷过程可以看做是大量水与轧件表面产生强制对流的过程,强迫对流的热交换过程比较复杂,与轧件温度、介质温度以及钢的物性参数有关,还与流体的流动状态（水量、水压等）有关,因此很难给出水冷换热系数的理论公式。本节通过改变已编制程序中的水冷换热系数来分析其对终轧温度的影响。具体的公式依据是:

$$\Delta t^0 = -\frac{2h_L}{\rho c} \cdot \frac{l_F}{Hv}(t^0 - t_w^0) \tag{14-24}$$

式中 l_F——机架间距离,m;

  H——上游机架出口厚度,m;

v ——上游机架带钢出口速度，m/s；

t^0 ——轧件温度，℃；

t_w^0 ——水温，℃，取 30℃；

Δt^0 ——轧件水冷温降，℃；

h_L ——水冷换热系数。

图 14-14 所示为 F_1、F_2 轧机的机架间喷水冷却换热系数对精轧段温度影响的对比曲线。其中，曲线 1 为水冷换热系数不变时的精轧温降曲线；曲线 2 为 F_1、F_2 机架间水冷换热系数增大时的精轧段温降曲线。由图 14-14 中可以看出，随着换热系数的增大，各机架的入口温度及末架轧机终轧温度都明显降低。这是因为换热系数增大，相应的热交换增多，因而温降大，这与式 14-24 完全吻合。

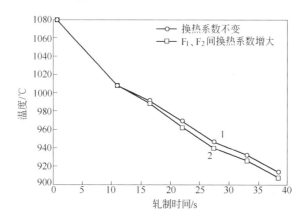

图 14-14　换热系数对轧件温降影响对比

（$H_{中间坯} = 0.035$ m；$H_{成品} = 0.005$ m；$T_{加热} = 1250$℃；$t_0 = 0$ s，为飞剪入口时刻）

通过对前面的模拟结果进行总结分析，可以得出以下结论：由于一次除鳞和二次除鳞的水量不好控制，因此需在板带轧制过程中采取措施减小热量损失。对于成品厚度较薄的钢板，可在轧机能力许可范围内，通过尽量减少精轧机架的喷水冷却量和增大轧制速度这两种方法来减少热量损失。

14.3.9　不同钢种的模拟值与实测值比较

用所编制的程序对热轧带钢温降进行模拟，并与实测温度对比。随机选取成品厚度为 4.5 mm 的 SS400 钢种 73014652203 号带钢、73014672202 号带钢进行温降模拟。由于在热轧生产过程中整条带钢沿轧线上各点的温度有波动，且头尾存在温差，因此选取各点温度的平均值与计算温度进行比较。

图 14-15 和图 14-16 所示为从出加热炉出口到精轧出口的模拟值与实测值对比的情况。图中的"＊"表示每一个计算点的温度，"＋"为测温仪所在位置的实测温度，1～5 点分别为定宽压力机前、粗轧机 R_2 前、热卷箱前、飞剪前及精轧出口测温仪处的温度。从图中可以看出，模拟温度与实测温度之间温差大约在 20～30℃左右。

图 14-17 和图 14-18 所示为成品厚度为 3.5 mm 的 SPHC 钢种的模拟温度与实测温度的对比曲线。由图中可以看出，测温点的计算温度与实测温度比较接近。

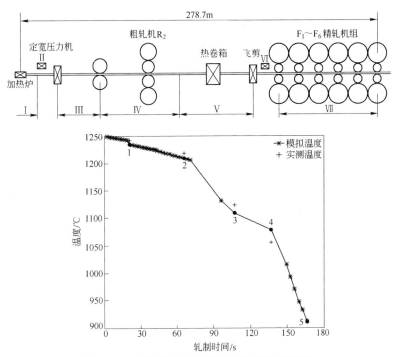

图 14-15 带钢 73014652203 测温点温度对比

($H_{连铸坯} = 0.23$ m;$t_0 = 0$ s,为加热炉出口时刻)

1—定宽压力机前;2—粗轧机 R_2 前;3—热卷箱前;4—飞剪入口;5—精轧出口

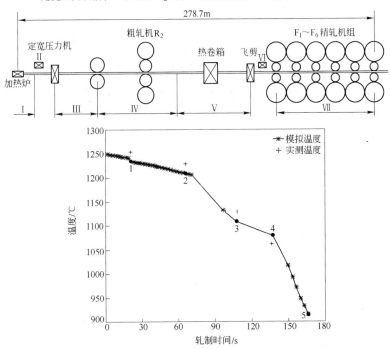

图 14-16 带钢 73014672202 测温点温度对比

($H_{连铸坯} = 0.23$ m;$t_0 = 0$ s,为加热炉出口时刻)

1—定宽压力机前;2—粗轧机 R_2 前;3—热卷箱前;4—飞剪入口;5—精轧出口

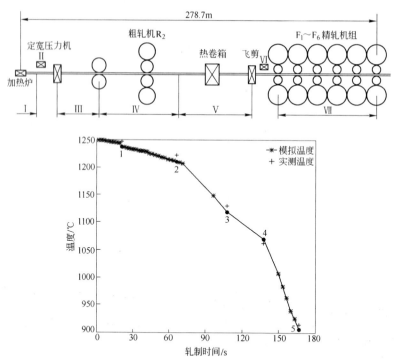

图 14-17　带钢 72011761201 测温点温度对比

($H_{连铸坯} = 0.23\ \mathrm{m}$；$t_0 = 0\ \mathrm{s}$，为加热炉出口时刻)

1—定宽压力机前；2—粗轧机 R_2 前；3—热卷箱前；4—飞剪入口；5—精轧出口

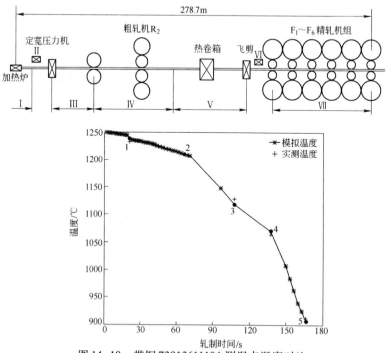

图 14-18　带钢 73013611104 测温点温度对比

($H_{连铸坯} = 0.23\ \mathrm{m}$；$t_0 = 0\ \mathrm{s}$，为加热炉出口时刻)

1—定宽压力机前；2—粗轧机 R_2 前；3—热卷箱前；4—飞剪入口；5—精轧出口

热轧带钢生产过程中,带钢各段的温度分布最终决定成品带材的微观组织及力学性能,本章通过采集现场数据、实际测量轧制过程中带钢在热卷箱入口与精轧机组出口温度的方法来分析影响中间坯宽度方向温差的原因,并且对现场大量的二级系统数据及实测数据进行分析整理,运用 Matlab 语言编程计算出整个轧制生产线上的一维温降及各个阶段的温降。通过以上分析得出如下结论:

(1)热卷箱入口处中间坯宽度方向上存在较大温差,造成此温差的主要原因可能是板坯出加热炉时的温差,也可能是除鳞箱冷却水分布不均匀,也可能是粗轧过程中除鳞水分布不均匀。板坯宽度方向温差是造成镰刀弯缺陷的重要原因,因此需要进一步分析造成热卷箱入口宽度温差的确切原因。建议在以后的测温工作中,测温位置改为一次除鳞箱后、R_1机架前后、R_2机架前后,掌握带钢宽度方向温差变化的规律,确定影响中间坯宽度方向温差的原因。

(2)造成精轧机组出口带钢宽度方向上温差的原因有两个:一个是机架间冷却水分布不均匀;一个是反喷水分布不均匀。从测温结果来看,宽度方向上低温区的位置比较固定,低温区的材料变形抗力大,将造成轧辊的不均匀磨损,对带钢板形带来不良影响。建议对冷却水喷头进行相应调整,减少宽度方向冷却不均匀性。

(3)模拟计算结果表明,成品厚度、换热系数及轧制速度对轧件的温度都有影响,即:随着成品厚度的减薄,带钢的终轧温度降低;随轧制速度的增大,终轧温度明显提高;随换热系数的增大,终轧温度明显降低。

(4)由模拟结果给出建议:在轧制薄规格带钢时,在机架轧制能力许可的情况下尽量减少机架间水冷喷头的开启数目,同时加大轧制速度,以提高带钢的终轧温度。

15　轧后冷却辊道的温降

15.1　层流冷却作用

温度是影响钢板组织和性能的主要因素,热轧钢材的轧后控制冷却,通过控制钢材的相变组织,能够显著改善钢材的强度和韧性,提高热轧材的力学性能和加工性能。带钢经热连轧机轧制后的冷却速度与带钢的质量有密切的关系。要得到力学性能良好的板材,带钢全长必须在 90 m 的热输出辊道上迅速地从终轧温度降到规定的卷取温度。一般终轧温度为 840~900℃,卷取温度为 400~750℃。带钢在热输出辊道上运行时间只有 10~30 s。由于冷却过程中变化因素很多,为了达到预期的冷却效果,现代宽带钢热连轧的轧后控冷主要通过层流冷却装置实现。

层流冷却的基本原理是以大量的虹吸管从水箱中吸出冷却水,在无压力情况下流向带钢。其特点是冷却水以流股状与带钢表面平稳接触,冷却水不反溅,紧贴在带钢表面上平稳地向四周流动,扩大了冷却水与带钢的有效接触面积。层流冷却系统几乎使整个钢板浸泡在水中,并通过辊道两侧装设的侧喷嘴不断地将钢板表面的水汽层吹开,使钢板表面的水按一定的方向流动,新的冷却水流不断接触钢板,大大提高了冷却效率。实际经验表明,层流冷却形成的柱状水流具有较大的动能,能够冲破带钢表面的蒸汽膜,在带钢表面形成并保持核沸腾状态,冷却能力可达到 1396~1745 W/(m·K),而高压喷水的冷却能力为 814~930 W/(m·K),可见层流冷却的冷却效率要比高压喷水方式提高约 30%~50%。

典型的层流冷却系统结构如图 15-1 所示,分为主冷区和精冷区。该系统由上、下冷却喷嘴系统及侧喷嘴系统三部分组成。上部和下部冷却喷嘴系统各分成若干个冷却控制段,每段由一个阀门进行冷却水的开关控制。上部每两根集管为一段,每根集管里伸出 69 个鹅颈喷水管;下部每四根集管为一段,每根集管上有 12 个喷嘴。侧喷嘴系统分别在输出辊道两侧,交叉布置,共有 9 个侧喷嘴,其中 2 个为高压气喷嘴。侧吹水的压力一般为 1 MPa。侧吹水

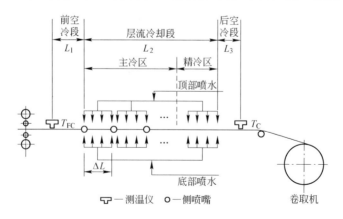

图 15-1　层流冷却系统结构

的作用有三:一是扫掉带钢上表面的滞留水,以提高上部层流水的冷却效果;二是确定水冷范围,以提高冷却温度的控制精度;三是扫掉测温区带钢上表面的残留水,以提高测温精度。侧吹水的水平扇角不宜过大,且每个侧吹水喷嘴都应单独控制,以便根据实际需要灵活选用。上部层流冷却水和侧吹水都应喷射到辊道辊子的上表面,以便利于带钢稳定运行。

带钢卷取温度控制实质上就是计算和调整层流冷却区的长度,也就是计算和调整冷却段的开启数量。层流冷却区长度取决于带钢的终轧温度、带钢厚度、辊道速度、冷却水温度以及目标卷取温度。

15.2 层流冷却温度的控制模型

如图 15-1 所示,带钢在轧后的冷却过程可分为三段:第一段从精轧出口测温仪到层流冷却区入口,称为前空冷段,以热辐射为主;第二段从层流冷却区入口到出口,以对流换热为主;第三段从层流冷却结束到卷取测温仪处,为后空冷段,以热辐射为主。

15.2.1 带钢辐射传热模型

15.2.1.1 前空冷段的降温方程

一般来说,带钢的轧后冷却过程可分为三段:第一段由精轧出口到层流冷却开始,为第一辐射冷却段 L_1;第二段为实际层流冷却段 L_2;第三段由实际层流冷却结束到卷取机前测温仪处,为第二辐射冷却段,其长度为 $L - L_1 - L_2$。令时间为 $\tau = \dfrac{L}{v}$,则可得到第一段结束时带钢温度 t_1 为:

$$t_1 = 100 \left[\frac{3\sigma\varepsilon L_1}{50\rho cHv} + \left(\frac{t_{FC} + 273}{100} \right)^{-3} \right]^{-1/3} - 273 \qquad (15-1)$$

式中　t_1——前空冷段结束时的带钢温度,℃;

　　t_{FC}——终轧温度,℃;

　　　ε——材料的等价热辐射率;

　　　σ——斯忒藩 - 玻耳兹曼常数,W/(m² · K⁴);

　　　c——钢的比热容,J/(kg · K);

　　　ρ——钢的密度,kg/m³;

　　L_1——前空冷段长度,m;

　　　H——带钢厚度,mm;

　　　v——带钢运行速度,m/s。

15.2.1.2 后空冷段的降温方程

第三段结束温度 t_3 为:

$$t_3 = 100 \left[\frac{3\sigma\varepsilon (L - L_1 - L_2)}{50\rho cHv} + \left(\frac{t_2 + 273}{100} \right)^{-3} \right]^{-1/3} - 273 \qquad (15-2)$$

15.2.2 强迫对流冷却传热模型

层流冷却系统中水阀的工作状态一般是开关量,冷却能力按所开的阀数进行调节,因此常采用冷却能力系数 $k = 2hl/c_p\rho$ 来表示冷却能力。由于层流冷却水段很长,不能直接用此式计算,而需改写为:

$$\mathrm{d}t = -\frac{2h}{c_p\rho H}(t - t_{水})\mathrm{d}\tau \tag{15-3}$$

设带钢的初始温度为 t_1,最终温度为 t_2,τ_1 表示冷却初始时刻,τ_2 表示最终时刻,对式 15-3 积分,则

$$\int_{t_1}^{t_2}\frac{\mathrm{d}t}{t - t_{水}} = \int_{\tau_1}^{\tau_2}\frac{-2h}{c_p\rho H}\mathrm{d}\tau \tag{15-4}$$

令 $\tau = \tau_2 - \tau_1$,而带钢在运送过程中的温降时间 τ 可根据带钢移动的距离 L 和移动速度 v 来计算,即 $\tau = L/v$。对式 15-4 两端积分,整理后得:

$$t_2 = t_{水} + (t_1 - t_{水})\exp\left(1 - \frac{2hL}{c_p\rho}\cdot\frac{1}{Hv}\right) \tag{15-5}$$

于是层流冷却下的温降方程为:

$$\Delta t_{对} = t_1 - t_2 = t_1 - \left[t_{水} + (t_1 - t_{水})\exp\left(1 - \frac{2hL}{c_p\rho}\cdot\frac{1}{Hv}\right)\right] \tag{15-6}$$

式中,h 可根据实验确定。带钢经过水冷的时候,冷却水在带钢表面形成射流冲击区和稳态膜沸腾区。对此过程热交换系数 h_w($\mathrm{W/(m^2\cdot K)}$)的研究很多,主要认为热交换系数受设备条件、冷却水量和带钢表面温度的影响。

射流冲击区:

$$h_s = Pr^{0.33}(0.037Re^{0.8} - 850)\frac{\lambda_w}{w} \tag{15-7}$$

$$Pr = \mu_f c_p/\lambda_w$$

$$Re = w\rho_c v/\mu_f$$

式中　　Pr——普朗特常数;

　　　　μ_f——动力黏度,$\mathrm{kg/(m\cdot s)}$;

　　　　c_p——比定压热容,$\mathrm{J/(kg\cdot K)}$;

　　　　λ_w——导热系数,$\mathrm{W/(m\cdot K)}$;

　　　　Re——雷诺数;

　　　　w——冲击区宽度,m;

　　　　ρ_c——密度,$\mathrm{kg/m^3}$;

　　　　v——射流水速度,$\mathrm{m/s}$。

稳态膜沸腾区:

$$h_{fb} = \lambda_s\left(\frac{g\Delta\rho}{8\pi\lambda_s\alpha_c}\right)^{1/3} \tag{15-8}$$

$$\alpha_c = \frac{\lambda_s\theta_s}{2i_{fb}\rho_c} \tag{15-9}$$

式中　　$\Delta\rho$——密度差,为 $\rho_1 - \rho_s$;

　　　　θ——温度差,为 $T - T_1$;

　　　　i——单位质量焓,$\mathrm{J/kg}$;

下角标 s——饱和蒸汽;

下角标 fb——稳定膜沸腾。

上面给出的是带钢上表面在层流冷却中的平均换热系数,实际过程中,换热系数沿带钢宽度方向是不同的。一般来说,边部的冷却能力大于中部,这是因为冷却水不断由带钢中部向边部流动造成的,根据文献,用下式描述 h_w 沿带钢宽度方向的分布情况:

$$h_w = \begin{cases} h_w^c\left(1 + 0.25\dfrac{10y - 4B}{B}\right) & (y > 0.4B) \\ h_w^c & (y \leqslant 0.4B) \end{cases} \qquad (15\text{-}10)$$

式中, h_w^c 为式 15-7 和式 15-8 所确定的换热系数值。

15.2.3 物性参数的确定

在温度场的计算中,需要已知带钢的导热系数、比热容等各项物性参数值,这些参数是随温度变化的,因此必须使用对应于该时刻温度的值。

15.2.3.1 热传导系数的确定

热传导系数又称热导率,指一定温度梯度下单位时间单位面积上传导的热量。它是由该点的材料性质决定的,是表征固体材料各处热传导能力强弱的物理量。

带钢的热传导系数与钢种有关,并且随温度变化,可由试验曲线确定,图 15-2 给出了不同含碳量的带钢在不同温度下的热传导系数值。从图中可以看出,温度较高的时候,材料的热导率随着温度的降低而降低,而在温度较低时,热导率随着温度的下降而升高。这种现象可以通过材料在随着温度降低时会发生奥氏体向比其自由能更低的相转变的过程来解释。假设带钢初始温度为 1000℃,此时所有钢种都处于奥氏体相,并且热导率随着温度的降低而降低,当温度降到 900℃ 以下时,很多钢种就开始发生奥氏体向铁素体、珠光体转变的过程,这种转变过程使材料的热力学性能发生了重大变化,并导致相变潜热发生,使得热导率随着温度的降低反而不断升高。在实际的温度场计算中,带钢的实际含碳量可能介于某个区间,可根据含碳量用插值方法,并取一定的权重系数来确定热传导系数。

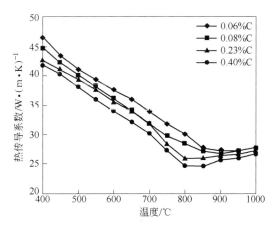

图15-2 不同钢种的热传导系数随温度的变化曲线

15.2.3.2 比热容的确定

在冷却过程中计算温度场时需要确定带钢的比热容。带钢的比热容是与温度有关的物理量,随着冷却过程带钢温度的变化而不断变化。由于带钢在层流冷却过程中可能有相变发生,不能根据与有限的温度点对应的比热容直接计算带钢温度。平均比热容综合考虑了真实比热容与温度的函数关系,其中包括相变潜热等,所以在计算中采用从冷却区入口到冷却区出口温度之间的平均比热容。图 15-3 所示为几种不同钢种的比热容随温度变化的曲线。

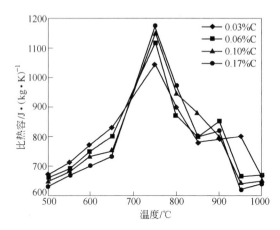

图 15-3　不同钢种的比热容随温度的变化曲线

15.3　相变动力学模型

在带钢冷却过程中,随着温度的迅速下降会发生奥氏体向铁素体、珠光体和贝氏体的转变。相变过程中,轧件的热力学性能会发生重大变化,并导致相变潜热发生。内热源 $\dot{q}$ 即为过冷奥氏体产生的相变潜热,表示如下:

$$\dot{q} = \Delta H_i \frac{\Delta X_i}{\Delta t} \tag{15-11}$$

式中　ΔH_i——在温度 T_i 下由相变产生的热量,J/kg;

　　　ΔX_i——已经转变相的比例。

考虑到在热传导方程中,带钢的温度分布会影响相变潜热,而相变的过程又受温度支配,因此温度与相变是相互作用的,必须同时耦合求解。

奥氏体相变的动力学方程可以用 Avrami 方程表示:

$$X = 1 - \exp(-bt^n) \tag{15-12}$$

式中,X 为相变比例;t 为从相变开始所经过的时间;b 和 n 是根据连续等温转变实验曲线(TTT 曲线)来确定的。

奥氏体向铁素体转变:

$$b_f = 14.2\exp\left(-\frac{T-620}{25.1}\right); n_f = 0.7$$

奥氏体向珠光体转变:

$$b_p = 65.3\exp\left(-\frac{T-595}{4.2}\right); n_p = 3.8$$

利用 Scheil 的可加性法则,Avrami 方程可以写成如下形式:

$$X = nb[-\ln(1-X)]^{n-1/n}(1-X) \tag{15-13}$$

式中,b 为温度的函数;n 在相变过程中保持不变。式 15-13 右侧其他部分是相变比例的函数,即相变动力仅是温度和已转变相百分含量及其应变的函数。

Scheil 的可加性法则同样可以用来判断过冷奥氏体相变开始时间。考虑到带钢出精轧末机架产生加工硬化,奥氏体改变相变孕育时间和铁素体长大速率,满足下式的时刻时,相变开始。

$$\sum \frac{\Delta t_i}{\tau_i f(\varepsilon)} = 1 \tag{15-14}$$

式中,Δt_i 为在温度 T_i 时的时间步长;τ_i 为在该温度时的相变孕育时间;$f(\varepsilon)$ 为相变材料内的积累应变的函数。从相变开始到第 i 个时间步所逝去的时间可以用下式表示:

$$t_i = \Delta t + t_{i-1} \tag{15-15}$$

$$t_{i-1} = \left[\frac{\ln\left(\frac{1}{1-X^{i-1}}\right)}{b(T^i)} \right]^{1/n} \tag{15-16}$$

式中,X_{i-1} 为到第 $i-1$ 时间步长时的某一相变转变量;Δt 为时间步长。

利用式 15-15、式 15-16 和式 15-12 可以计算出某一时间步长内的相变转变量。

15.4 带钢层流冷却温度计算实例

按照所计算钢种实际温度工艺要求,精轧出口温度为 890℃,冷却到卷取温度为 610℃。由于在实际生产中只能对带钢中部的温度进行检测,所以模型给出了带钢中部节点的温度随时间变化的结果,如图 15-4 所示。图中曲线分别表示了带钢上下表面节点和心部节点在前段冷却方式下的温度变化轨迹,带钢在精轧出口到水冷区第一个集管这一段区域是空冷区,在这个区域内温度变化缓慢。进入水冷的粗调区域后,由于水冷的强烈换热作用,带钢温度急剧下降,粗调区的后半段处于关闭状态,此段处于空冷状态,由于心部与表面温差的存在以及相变潜热的作用,使得轧件表面温度有回升现象,而中心温度仍呈下降趋势。轧件进入精冷段后,温度再次下降。从精冷结束至卷取,轧件处于空冷状态,轧件内的温差越来越小,至卷取处时,整个轧件的温度已经趋于均匀。从图中可以看出,所计算的温度变化结果与所计算钢种的实际温度控制工艺要求非常吻合,这表明模型的温度计算是非常准确的,同时也表明了热应力计算结果是可靠的。

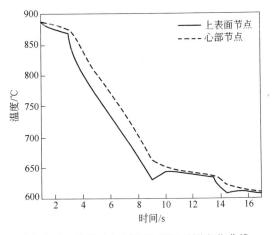

图 15-4 前段冷却下的温度随时间变化曲线

图15-5所示为带钢表面不同边部节点和中部节点的温度变化比较。从图中可以看出,带钢在出精轧机后的第一个空冷阶段内,带钢宽度方向上的温差变化不是很大,基本保持初始条件时的温差。随着冷却过程的进行,到水冷阶段,带钢边部与中部节点的温差明显增大,到水冷结束后达到最大值。这是由于带钢边部比中部相对易冷却,带钢上部冷却水在其上表面形成停滞水层,向两边部流出,造成边部水流密度增加,另外,下部冷却水飞溅到带钢的两边,也加重了宽度方向上的冷却不均。

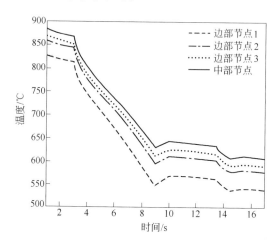

图15-5　冷却过程中带钢宽度方向的温差变化

16 钢卷冷却过程的传热分析

由于钢卷卷取的紧密程度不同,层与层之间的接触情况就有些差异,会存在一定的表面接触热阻。这样,钢卷在导热的性能上呈现出各向异性的特性,即径向导热系数与轴向(带材的宽度方向)和切向是不同的,并且与钢卷卷取的紧密程度有关。

16.1 基本方程

16.1.1 钢卷的导热微分方程

对于钢卷的导热情况,钢卷应是均质、各向异性体。各向异性体的导热系数 λ_{ij} 形成为一个椭球,该椭球面的主轴 ξ、η 和 ζ 称为热传导的主轴,导热系数 λ_ξ、λ_η 和 λ_ζ 称为主导热系数。由于热传导的主轴与圆柱坐标系的轴向、径向和圆周方向相吻合,主导热系数即为三个坐标方向上的导热系数。因此,带卷的热传导方程式可写为:

$$\rho c \frac{\partial T}{\partial \tau} = \frac{\lambda_r}{r} \cdot \frac{\partial}{\partial r}\left(r \frac{\partial T}{\partial r}\right) + \frac{\lambda_\theta}{r^2} \cdot \frac{\partial^2 T}{\partial \theta^2} + \lambda_z \frac{\partial^2 T}{\partial z^2} \tag{16-1}$$

式中　　ρ——带材的密度;

　　　　c——材料的比热容;

　　　　τ——时间;

$\lambda_r, \lambda_\theta, \lambda_z$——分别为带卷径向、环向及轴向导热系数。

由于钢卷的环向导热系数及轴向导热系数相同,即 $\lambda_\theta = \lambda_z = \lambda_0$,而径向导热系数则与其不同,所以可进行如下变换:

$$r_1 = r\sqrt{\frac{\lambda_0}{\lambda_r}}, \theta_1 = \theta\sqrt{\frac{\lambda_0}{\lambda_\theta}}, z_1 = z\sqrt{\frac{\lambda_0}{\lambda_z}} \tag{16-2}$$

令:

$$m_\lambda = \frac{\lambda_0}{\lambda_r} \tag{16-3}$$

则式 16-2 变为:

$$r_1 = r\sqrt{m_\lambda}, \theta_1 = \theta, z_1 = z \tag{16-4}$$

式中,λ_0 是任选的,可选为带材的导热系数。通过这一变换,导热方程式 16-1 变为:

$$\frac{\partial t}{\partial \tau} = \frac{\lambda_0}{\rho c}\left(\frac{\partial^2 T}{\partial r_1^2} + \frac{1}{r_1} \cdot \frac{\partial T}{\partial r_1} + \frac{\partial^2 T}{\partial \theta_1^2} + \frac{\partial^2 T}{\partial z_1^2}\right) \tag{16-5}$$

方程式 16-5 和各向同性体的导热方程具有同样的形式。这样,各向异性体的导热问题转化为相应的各向同性体的导热问题,只不过是坐标值进行了相应的变换。对于钢卷在空气中冷却或在罩式炉退火时,其边界条件均为轴对称的,所以钢卷导热问题可看成是轴对称问题。此时 $r_1 = r\sqrt{m_\lambda}$,$\theta_1 = \theta$,$z_1 = z$,所以方程式 16-5 可写为:

$$\frac{\partial t}{\partial \tau} = a\left(\frac{\partial^2 T}{\partial r_1^2} + \frac{1}{r_1} \cdot \frac{\partial T}{\partial r_1} + \frac{\partial^2 T}{\partial z_1^2}\right) \tag{16-6}$$

$$a = \frac{\lambda_0}{\rho_c}$$

式中　　a——材料的热扩散系数。

方程式 16-6 即为钢卷的导热方程。

16.1.2　边界条件的确定

钢卷的内、外表面与两个端面均为第三类边界条件,由于带钢在轧制时温度分布基本上沿宽度方向是对称的,钢卷在罩式炉退火时也可看成沿宽度方向是对称的。这样就可取钢卷的一半为研究对象,中面为对称面,这是第二类边界条件,即 $q = 0$。这样边界条件为:

$$r = r_a(钢卷的内表面):h_1(T_f - T_{r=a}) = -\lambda_0\left(\frac{\partial T}{\partial r_1}\right)_{r=a} \tag{16-7}$$

$$r = r_b(钢卷的外表面):h_2(T_f - T_{r=b}) = -\lambda_0\left(\frac{\partial T}{\partial r_1}\right)_{r=b} \tag{16-8}$$

$$z = 0（钢卷的中面）:q = 0,即\frac{\partial T}{\partial z} = 0 \tag{16-9}$$

$$z = \frac{B}{2}（钢卷的端面）:h_3\left(T_f - T_{z=\frac{B}{2}}\right) = -\lambda\left(\frac{\partial T}{\partial z}\right)_{z=\frac{B}{2}} \tag{16-10}$$

式中　　h_1, h_2, h_3——分别为钢卷的表面与周围介质的对流换热系数;

　　　　　T_f——周围介质的温度;

　　　　　r_a, r_b——分别为钢卷的内、外表面半径。

如果钢卷的初始条件 $T(r, z)$ 及表面的对流换热系数 h_1、h_2、h_3 确定之后,微分方程式 16-5 就可以根据边界条件和初始条件式 16-7 ～ 式 16-10 进行求解。

16.1.3　钢卷冷却过程中的相变处理

一般情况下,带钢经层流冷却后已完成了相变过程,但对于某些特殊钢种进行高温卷取时,相变过程可能未完全完成,此时计算钢卷冷却时要考虑相变潜热,具体方法与 15.3 节相同。

16.2　对流换热系数 h_1、h_2、h_3 的确定

16.2.1　钢卷自然冷却情况

带材被卷成带卷后,从卷筒卸下在空气中自然冷却。此时,钢卷与周围空气的对流换热情况分别为式 16-7 ～ 式 16-10 所描述的方程。

对于钢卷的外表面和端面与周围空气的对流换热情况,均可认为是大空间的自然对流换热,而内表面则可认为是有限空间的自然对流换热。其对流换热系数 h_1、h_2、h_3 分别按如下公式确定。

如果钢卷为横放时,外表面与空气的换热系数 h_2 为:

（1）当流体的流动状态为层流时:

$$h_2 = 1.32\left(\frac{T_w - T_f}{D}\right)^{\frac{1}{4}} \quad (10^4 < Gr_f Pr_f < 10^9) \tag{16-11}$$

式中 Gr_f, Pr_f——分别为空气的格拉晓夫数和普朗特数;

T_w, T_f——分别为钢卷外表面温度和周围空气的温度;

D——钢卷外径。

（2）当流体的流动状态为紊流时：

$$h_2 = 1.24(T_w - T_f)^{\frac{1}{3}} \quad (Gr_f Pr_f > 10^9) \tag{16-12}$$

钢卷横放时，两个端面与空气的换热系数 h_3 为：

（1）层流时：

$$h_3 = 1.42\left(\frac{T_w - T_f}{D}\right)^{\frac{1}{4}} \quad (10^4 < Gr_f Pr_f < 10^9) \tag{16-13}$$

（2）紊流时：

$$h_3 = 1.24(T_w - T_f)^{\frac{1}{3}} \quad (Gr_f Pr_f > 10^9) \tag{16-14}$$

钢卷的内表面与空气的换热情况比较复杂，可认为是有限空间的自然对流换热。其对流换热系数在式 16-11 及式 16-12 的基础上进行修正。

钢卷的内表面空气的流动状态一般都呈层流状态，所以：

$$h_1 = 1.42\left(\frac{T_w - T_f}{D}\right)^{\frac{1}{4}}\left(\frac{d}{D}\right)^{\frac{1}{9}} \tag{16-15}$$

如果钢卷竖放时，经罩式炉退火的钢卷无论是在罩式炉退火时，还是在冷却时都是竖直放置的。此时，钢卷的外表面与周围空气的对流换热系数 h_2 为：

（1）空气为层流状态时：

$$h_2 = 1.42\left(\frac{T_w - T_f}{D}\right)^{\frac{1}{4}} \quad (10^4 < Gr_f Pr_f < 10^9) \tag{16-16}$$

（2）空气为紊流状态时：

$$h_2 = 0.95(T_w - T_f)^{\frac{1}{3}} \quad (Gr_f Pr_f > 10^9) \tag{16-17}$$

端面与空气的对流换热系数 h_3 为：

（1）空气为层流状态时：

$$h_3 = 1.30\left(\frac{T_w - T_f}{0.9D}\right)^{\frac{1}{4}} \quad (10^4 < Gr_f Pr_f < 10^9) \tag{16-18}$$

（2）空气为紊流状态时：

$$h_3 = 1.43(T_w - T_f)^{\frac{1}{3}} \quad (Gr_f Pr_f > 10^9) \tag{16-19}$$

16.2.2 钢卷强制换热情况

钢卷在罩式炉内的退火过程，无论是加热阶段还是冷却阶段，都与周围介质（加热时为氮气或氢气，冷却时为空气）是强制对流换热。内、外表面及端面与介质之间的对流换热系数 h 均可写为：

$$h = 0.023\frac{\lambda}{d}Re_f^{0.8}Pr_f^{0.4}\left(\frac{T_f}{T_w}\right)^n \tag{16-20}$$

$$Re = \frac{wd}{\nu}$$

式中　λ——介质的导热系数;

　　　d——气体的通道当量直径,对于钢卷的内表面取钢卷的内径;外表面取加热罩(或冷却罩)与钢卷外表面之间间隙的当量直径;端面可取对流板流槽的当量直径;

　　　Re——气体的雷诺数;

　　　w——气体的流速;

　　　ν——气体的运动黏度;

　　　Pr——气体的普朗特数;

　　　T_f——气体的温度;

　　　T_w——钢卷表面温度;

　　　n——指数,加热时 $n = 0.55$,冷却时 $n = 0$。

式 16-12 ~ 式 16-20 是钢卷在各个工序中的内、外表面与周围气体之间的对流换热形式计算公式,这些公式都是根据一些试验和经验,然后加以总结、归纳并进行推广而得到的近似公式。在实际应用时,可以先按这些公式进行温度场的计算,将计算结果与现场实测的温度进行比较,如果两者有误差,再逐步修正直至误差达到满意为止。

16.3　径向导热系数的确定

在计算模拟钢卷的温度场时,需要确定钢卷的导热系数,尤其是径向导热系数。热轧钢卷可看成是在径向由钢层和界面层周期性相间层叠而成的。因此,两接触钢层之间的界面层的热阻是非常重要的。通常钢层的自由表面在微观上并不光滑,而是凹凸不平的。真正的接触界面包括每个表面上的实际接触点以及这些接触点之间的空隙。从理论上讲,两相互接触表面间热量从一表面传递到另一表面的途径有:

(1)通过实际接触点传导;

(2)通过充满空腔介质的导热传导;

(3)通过空腔中介质的对流传递;

(4)通过不直接接触的表面之间的辐射。

实际上,由于空腔尺寸很小,因而其中介质对流传热的作用不大;随着两接触表面间温度差的减少,辐射传递热量在总传热量中所占的份额也不大。所以,在两接触表面间,热量基本上是靠接触点及空腔介质的传导导热。

这样,两表面的实际接触热阻 r_c 是由接触点的热阻 r_p 和空腔热阻 r_v 并联而成,即:

$$\frac{1}{r_c} = \frac{1}{r_p} + \frac{1}{r_v} \tag{16-21}$$

空腔热阻可由下式算出:

$$r_v = \frac{\delta_1 + \delta_2}{\lambda_v} \tag{16-22}$$

式中　δ_1, δ_2——分别为两相互接触表面的平均粗糙度;

　　　λ_v——空腔内介质的导热系数。

实际接触点热阻为：

$$r_{\rm p} = \frac{c\pi R_i \sigma_{\rm b}}{2p_{\rm c}\lambda_0} \qquad\qquad (16-23)$$

式中　c——两接触表面的接触系数，由实验确定，大多数材料取 2.5 ~ 3；

　　　R_i——实际接触点 i 的半径，一般为 25 ~ 30 μm；

　　　$\sigma_{\rm b}$——两接触表面材料强度极限中较小的一个；

　　　$p_{\rm c}$——表面接触压力；

　　　λ_0——带钢导热系数。

将式 16-22 和式 16-23 代入式 16-21，得到接触面总的导热系数和热阻：

$$\lambda_{\rm c} = \frac{1}{r_c} = \frac{\lambda_{\rm v}}{\delta_1 + \delta_2} + \frac{2p_{\rm c}\lambda_0}{c\pi R_i \sigma_{\rm b}}$$

$$r_{\rm c} = \frac{c\pi R_i \sigma_{\rm b}(\delta_1 + \delta_2)}{2p_{\rm c}\lambda_0(\delta_1 + \delta_2) + c\pi R_i \sigma_{\rm b}\lambda_{\rm v}} \qquad\qquad (16-24)$$

接触面热阻与每一层试件的热阻相叠加就得到叠层板的当量热阻，即：

$$r_{\rm d} = r_{\rm c} + r_0 = \frac{c\pi R_i \sigma_{\rm b}(\delta_1 + \delta_2)}{2p_{\rm c}\lambda_0(\delta_1 + \delta_2) + c\pi R_i \sigma_{\rm b}\lambda_{\rm v}} + \frac{h}{\lambda_0} \qquad\qquad (16-25)$$

式中　r_0——试件材料的热阻；

　　　h——带钢单层厚度。

而钢卷的径向当量导热系数为：

$$\lambda_{\rm d} = \frac{h}{r_{\rm d}} = \frac{[2p_{\rm c}\lambda_0(\delta_1 + \delta_2) + c\pi R_i \sigma_{\rm b}\lambda_{\rm v}]\lambda_0 h}{2p_{\rm c}\lambda_0 h(\delta_1 + \delta_2) + c\pi R_i \sigma_{\rm b}\lambda_{\rm v} h + \lambda_0 c\pi R_i \sigma_{\rm b}(\delta_1 + \delta_2)} \qquad\qquad (16-26)$$

16.4　钢卷冷却过程的温度场计算实例

由于钢卷是轴对称的，所以钢卷冷却过程中的温度分析计算应属于二维非稳态问题。从理论上分析，可采用二维解析法，但涉及亥姆霍兹方程的求解和第一类和第二类零阶贝塞尔函数，求解比较麻烦，所以目前一般都采用有限元法。本计算实例是计算带钢卷取后立放时在空气中冷却时的温度场变化。钢卷导热坐标系见图 16-1，钢卷冷却过程中温度场的变化见图 16-2。

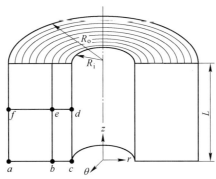

图 16-1　钢卷导热坐标系统

$R_{\rm i}$—钢卷内径；$R_{\rm o}$—钢卷外径；L—带宽

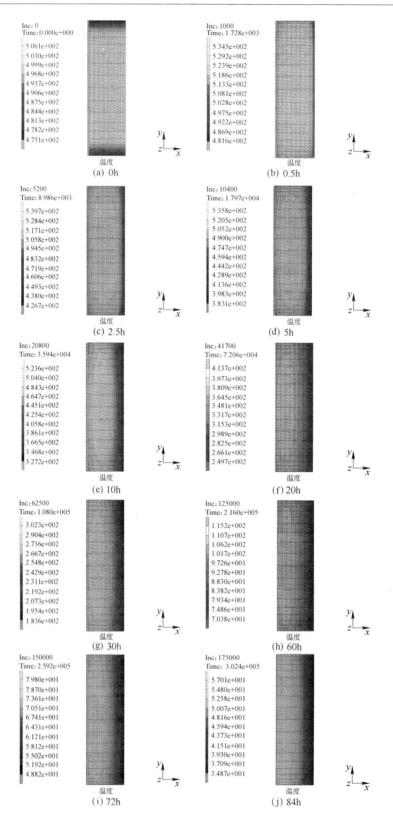

图 16-2 热轧带钢钢卷冷却过程中温度场的变化

由计算结果可以得出,钢卷冷却的最慢点大约在离内径壁的1/3处左右,在冷却的初始几个小时内,钢卷的温度有个回升,钢卷离内径壁1/3处的温度下降得非常缓慢。这是由于钢卷内径孔壁相互辐射使孔内辐射散热被削弱,而且孔内的空气对流相对而言也不太通畅造成的。钢卷外表面冷却至室温50℃左右需要60 h,即两天半时间,而所有的部位冷却至室温则需要84 h,即三天半的时间。从图16-3中可以看出,带钢卷完后的一定时间内,离内径壁的1/3处的温度呈上升的趋势,并且边部的温度变化大于中部,如图16-4所示,钢卷在15 h时边部与中部的温差达到最大值49℃,而后再逐渐地减小。

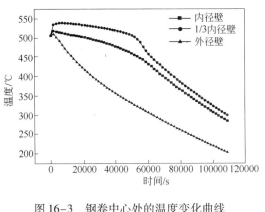

图16-3　钢卷中心处的温度变化曲线

图16-4　钢卷边部和中部温差随时间的变化曲线

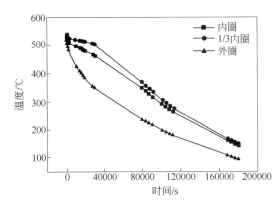

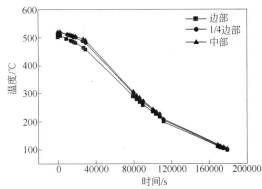

图16-5　钢卷端面径向温度随时间变化计算值　　　图16-6　钢卷侧面宽向温度随时间变化计算值

由图16-5和图16-6可以看出,热轧带钢卷冷却的初始阶段,钢卷径向和宽向的温度均有所回升,而后逐渐下降,钢卷径向在10 h左右钢卷各处温差达到最大值,而后逐渐变小,直至达到室温。

参 考 文 献

[1]　张天孙. 传热学[M]. 北京:中国电力出版社,2006.

[2]　章熙民,等. 传热学[M]. 北京:中国建筑工业出版社,2001.

[3]　孔谦祥. 有限单元法在传热学中的运用[M]. 北京:科学出版社,1996.

[4]　孙蓟泉,刘国庆. 传热学[M]. 哈尔滨:东北林业大学出版社,1997.

[5]　蔡开科. 浇注与凝固[M]. 北京:冶金工业出版社,1987.

[6]　闫小林. 连铸过程原理及数值模拟[M]. 石家庄:河北科技出版社,2001.

[7]　任吉堂,朱立光,王书桓. 连铸连轧理论与实践[M]. 北京:冶金工业出版社,2002.

[8]　余志祥. 连铸坯热送热装技术[M]. 北京:冶金工业出版社,2002.

[9]　陈家祥. 连续铸钢手册[M]. 北京:冶金工业出版社,1991.

[10]　孙蓟泉,李慧剑,马世麟. 结晶器冷却强度与坯壳厚度的关系[J]. 钢铁,1997,32(2).

[11]　孙蓟泉,李慧剑,张兴中. 连铸机辊子与铸坯传热的研究[J]. 钢铁研究学报,1997,9(3).

[12]　刘明延,等. 板坯连铸机设计与计算[M]. 北京:机械工业出版社,1990.

[13]　张正荣. 传热学[M]. 北京:高等教育出版社,1989.

[14]　蔡开科,程士富. 连续铸钢原理及工艺[M]. 北京:冶金工业出版社. 1994.

[15]　韩传基,蔡开科,等. 板坯连铸二冷区凝固传热过程与控制[J]. 北京科技大学学报,2001,21(6).

[16]　陈火红. Marc 有限元实例分析教程[M]. 北京:机械工业出版社,2002.

[17]　陈火红,于军泉,席源山,等. MSC. Marc/Mentate 2003 基础与应用实例[M]. 北京:科学出版社,2004.

[18]　江坂一彬. 张永权,译. 材料性能预测和控制模型的开发[J]. 制铁研究,1986.

[19]　郭宽良. 计算传热学[M]. 合肥:中国科学技术大学出版社,1998.

[20]　苏岚,王先进. 热卷箱式炉内板坯温度场模拟[J]. 北京科技大学学报,1999,21(5):468～471.

[21]　Sun Jiquan,Sun Jinghong. Mathematical Model for Temperature Field of Strip Coil in Cooling and Heating Process[J]. Journal of Iron and Steel Research,2005,12(2):33～36.

[22]　[美]金兹伯格 V B. 板带轧制工艺学[M]. 北京:冶金工业出版社,1998.

冶金工业出版社部分图书推荐

书　名	定价（元）
传热学	20.00
连铸结晶器	69.00
薄板坯连铸连轧微合金化技术	58.00
薄板坯连铸连轧钢的组织性能控制	79.00
薄板坯连铸连轧（第 2 版）	45.00
薄板坯连铸连轧工艺技术实践	56.00
连铸连轧理论与实践	32.00
常规板坯连铸技术	20.00
近终形连铸技术	16.00
现代电炉—薄板坯连铸连轧	98.00
连铸坯在线大侧压调宽技术及其应用	28.00
实用连铸冶金技术	35.00
板带材生产工艺及设备	35.00
炉外精炼及铁水预处理实用技术手册	146.00
连铸及炉外精炼自动化技术	52.00
高精度板带材轧制理论与实践	70.00
实用轧钢技术手册	55.00
轧钢机械	49.00
轧钢工艺学	58.00
轧钢车间机械设备	32.00
轧钢机械设备	45.00
轧钢机械设计	56.00
轧钢设备维护与检修	28.00
压力加工设备	29.00
金属塑性成形力学	26.00
洁净钢——洁净钢生产工艺技术	65.00
洁净钢生产的中间包技术	39.00
超细晶钢——钢的组织细化理论与控制技术	188.00
汉英英汉连续铸钢词典	65.00
现代连续铸钢实用手册	248.00